大学物理实验实用教程
（第2版）

主　编　刘俊星

副主编　张建华 赵浙明

清华大学出版社

北　京

内 容 简 介

本书根据高等院校工科"大学物理实验课程教学基本要求"而编写。在编写过程中,考虑了独立学院及一般本科院校大学物理实验室的实际情况,力争使教学体系更加切合实际情况,教材内容与现有设备密切配合。

本教材系统介绍了大学物理实验课的任务与基本要求,测量误差及数据处理,计算机技术在物理实验数据处理中的应用等,包括力学、热学、电磁学、光学、近代物理实验以及综合性实验。

本教材适用性强,贴近实际,可作为高等院校及独立学院理工科专业的物理教科书和参考书,也可作为相关技术人员的参考书。

图书在版编目(CIP)数据

大学物理实验实用教程/刘俊星主编. —2 版. —北京:清华大学出版社,2014(2019.7 重印)
ISBN 978-7-302-35187-0

Ⅰ. ①大… Ⅱ. ①刘… Ⅲ. ①物理学－实验－高等学校－教材 Ⅳ. ①O4-33

中国版本图书馆 CIP 数据核字(2014)第 014319 号

责任编辑:邹开颜
封面设计:常雪影
责任校对:王淑云
责任印制:沈 露

出版发行:清华大学出版社
      网 址:http://www.tup.com.cn, http://www.wqbook.com
      地 址:北京清华大学学研大厦 A 座 邮 编:100084
      社 总 机:010-62770175 邮 购:010-62786544
      投稿与读者服务:010-62776969, c-service@tup.tsinghua.edu.cn
      质量反馈:010-62772015, zhiliang@tup.tsinghua.edu.cn
印 装 者:涿州市京南印刷厂
经 销:全国新华书店
开 本:185mm×260mm 印 张:10.5 字 数:254 千字
版 次:2012 年 1 月第 1 版 2014 年 1 月第 2 版 印 次:2019 年 7 月第 5 次印刷
定 价:24.00 元

产品编号:057830-01

第 2 版前言

本教材第 1 版自出版以来,已经在嘉兴学院南湖学院使用了两年。在使用过程中,得到了广大任课教师和同学的认可和好评,并提出了大量宝贵的批评和建议。

在这两年里,我校物理实验仪器进行了一些升级和改造,有些实验项目引入了新技术、新方法。本着物理实验教学应该反映时代发展趋势、教材内容与现有设备配合更加密切的原则,结合我校物理实验室的实际情况,我们对原教材作了适当的调整和修正。对于原书使用过程中发现的许多不足和错误,我们也作了修订,并更新了一些新的内容。

本次教材的修订是在刘昶时教授指导和帮助下进行的,并由刘昶时教授审核。在教材的改编过程中,得到了嘉兴学院南湖学院领导的大力支持,嘉兴学院物理实验室的老师也提供了宝贵的支持,在此,全体编者表示衷心的感谢!

由于物理实验方法和手段在不断发展和改进,实验仪器设备也在不断升级换代,书中难免存在不完善及不妥当之处,欢迎各位使用本教材的教师和学生提出宝贵建议,以便进一步改进。

编　者

2014 年 1 月

前 言

　　大学物理实验课程是工科学校必须开设的一门重要的实践性公共基础课,是高校理工科进行科学实验训练的一门基础课程,是各专业后继实验课程的基础,也是大学生从事科学实验工作的入门课程。通过本课程的学习,能使学生获得必要的实验知识和操作技能,初步培养学生具有正确使用仪器进行测量、数据处理、结果分析以及编写实验报告等方面的能力,培养学生具有一般工程工作者所必须的实验能力和素质,使学生树立实事求是、严肃认真的科学态度。

　　本教材是根据"高等工科院校物理实验课程基本教学要求",并结合实际情况编写而成的。本教材共分两部分,其中第一部分绪论,重点阐述了测量与误差、有效数字及简算方法、不确定度及测量结果的表示、数据处理方法、计算机技术在物理实验数据处理中的应用等内容。第一部分内容是重点也是难点,掌握好第一部分内容是学好大学物理实验这门课程的前提和基础。第二部分为物理实验部分,包括了力学、热学、电磁学、光学、近代物理实验以及综合性实验。内容的选取上力求在保证基础性、实用性的同时不失时代性;对实验内容的阐述,力求做到将大学物理理论与大学物理实验紧密联系,由浅入深、循序渐进;对实验内容与步骤的安排,强调与实验理论内容的相互衔接,强调可操作性,使学生明确具体实验步骤的目的;对实验数据的处理,结合误差理论知识,尽量给出详细的推导过程和计算公式,并且给出了利用计算机软件(例如 Excel、Origin)进行误差处理的方法;在版面的安排上,尽量减轻学生负担,数据处理部分内容单成一页,并给出详细的数据记录表格及计算公式,免去了学生画制表格的繁琐工作,可以使学生将主要精力放到实验上。本教材的最大特点就是适用性强,贴近实际,指导功能强,能在减少不必要负担的前提下,提高学生的学习兴趣和积极性,给大学物理实验一个轻松的学习环境。

　　本教材适合独立学院及一般本科院校学生使用。教材的编写是在刘昶时教授的设计、指导和帮助下进行的,并由刘昶时教授审核。在教材的编写过程中,得到了嘉兴学院南湖学院领导的大力支持,嘉兴学院物理实验室的老师也为本教材的编写提供了宝贵的支持,刘雅洁老师也给予了热情无私的帮助。本教材在编写过程中,还参考了大量的实验教材,在此一并致以深深的谢意!

　　本教材编者长期工作在教学第一线,积累了一定的教学经验,我们力求将这些经验融入到本教材中,希望本教材能为大学物理实验教学贡献一点绵薄之力。由于编者水平有限,编写时间紧迫,教材中难免有缺点和错误,恳请读者批评指正。

编　者
2011 年 11 月

目 录

绪　　论

第一节　大学物理实验的地位、任务及要求

一、大学物理实验的地位

物理学是研究物质的基本结构、基本运动形式、相互作用及其转化规律的学科。它的基本理论渗透在自然科学的各个领域,应用于生产技术的许多部门,是自然科学和工程技术的基础。物理学的研究方法通常是在观察和实验的基础上,对物理现象进行分析、抽象和概括,建立物理模型,探索物理规律,进而形成物理理论。因此,物理规律是实验事实的总结,而物理理论的正确与否需要实验来验证。"大学物理"和"物理实验"是两门关系密切的课程。我们学习物理学,要认识各种物理现象,掌握物理现象形成与演变的规律,了解各种实验方法。而实验需要理论指导,在实验过程中,通过理论的运用与现象的观测、分析,理论与实验相互补充,以加深和扩大对物理知识的理解。

在研究物理现象时,实验的任务不仅是观察物理现象,更重要的是找出各物理量之间的数量关系,找出它们变化的规律。任何一个物理定律的确定,都必须依据大量的实验。即使已经确定的物理定律,如果出现了新的实验事实与这个定律相违背,那么便需要修正原有的物理定律或物理理论。因此,物理学本质上是一门实验科学,物理实验是物理理论的基础,它是物理理论正确与否的试金石。

物理实验既为开拓新理论、新领域奠定基础,又是丰富和发展物理学应用的广阔天地。最近数十年来,物理学和其他学科一样发展很快,尤其是核物理、激光、电子技术和计算机等现代化科学技术的发展,更反映了物理实验技术发展的新水平。科学技术的发展越来越体现出物理实验技术的重要性,基于这方面的原因,人们逐渐感到理工科及师范院校加强对学生进行物理实验训练的重要性。理论课是进行物理实验必要的基础,在实验过程中,通过理论的运用与现象的观测分析,理论与实验相互补充,从而加深和扩大学生的物理知识。物理实验体现了大多数科学实验的共性,在指导思想、实验方法以及实验手段等方面是各学科科学实验的基础。物理实验课是高等理工科院校对学生进行科学实验基本训练的必修基础课程,是本科生接收系统实验方法和实验技能训练的开端。

二、大学物理实验课程的任务

物理实验是一门独立的必修基础实验课程,是高校理工科进行科学实验训练的一门重要的基础课程,也是素质教育的重要环节。它在培养学生运用实验手段观察、分析、发现、研

究和解决问题,进行科学实验基本训练,提高动手能力和科学实验素养等方面都起着重要的作用,同时也为学生今后的学习、工作奠定良好的实验基础。物理实验课的主要任务是:

(1)通过对实验现象的观察、分析和对物理量的测量,学习有关实验的基本知识、基本方法和基本技能,加深对物理学原理的理解,提高学习能力;

(2)培养和提高学生的科学实验能力,包括能够通过阅读实验教材或资料做好实验前的准备工作,能够自己动手组建实验测量系统,能够正确使用仪器,能够运用物理学原理对实验现象进行观察、分析和判断,能够正确记录、处理实验数据,绘制图表,撰写合格的实验报告,能够完成具有设计性内容的实验;

(3)培养学生的理论联系实际和实事求是的科学作风、探索精神、创新精神和严格、细致、事实求是、一丝不苟的科学态度,培养与提高学生的自主学习能力和创新能力,培养学生善于动手、乐于动手、遵守操作规程、爱护国家财产、注意安全等良好的科学习惯。

总之,实验教学是以培养学生科学实验能力与提高学生科学实验素养为重点,使学生在获取知识的自学能力、运用知识的综合分析能力、动手实践能力、设计创新能力以及严肃认真的作风、实事求是的科学态度等方面得到训练与提高。

三、大学物理实验课程的具体要求

1. 学好误差理论

误差理论是大学物理实验中进行数据测量和处理所必备的基础知识。每一个物理实验都要先进行测量,再对所得的数据进行数据处理得出结论,这两个过程都需要误差理论作为基础知识。只有掌握了误差理论,才能得到正确而合理的实验数据;只有很好地掌握了误差理论,才能够对所得的实验数据进行精确、合理的计算,得出严格、精确的实验结论,才能对该实验成功与否作出判断。误差理论与每一个物理实验息息相关,至关重要。掌握了误差理论,是确保每个实验都顺利完成的关键。另外,误差理论也是其他学科相关实验的数据处理的理论基础。

2. 物理实验课的具体准备

(1)实验前的准备(完成预习报告)

每个实验之后,都要完成一份实验报告。每个实验报告册都有以下几个版块构成:①实验目的,②实验原理主述,③实验仪器,④实验任务、步骤及注意事项,⑤原始数据记录与处理和⑥思考题原题及解答。每个实验都要分三步进行,即:预习(实验前完成)、实验记录(实验中完成)和数据处理(试验后完成)。下面先谈一下如何进行预习。

物理实验课与理论课不同,它的特点是同学们在教师的指导下自己动手,独立完成实验任务。因此,实验前必须认真阅读教材,做好预习,预习的内容包括以下几个方面。

① 实验目的:通过该实验要得到或验证什么结论,这是大学物理实验最重要的问题。

② 实验原理:通过什么途径得出结论,实验中用到了哪些物理理论,必须对基本方程、表达式和原理图有足够的理解和掌握。要认真阅读实验教材、参考资料,事先对实验内容作全面的了解。如果相应的理论并未接触,一定要找到相应的参考资料进行预习。

③ 实验仪器:对相应的实验仪器要有一定的了解,掌握仪器使用过程中应该注意的事项。

④ 实验任务、步骤及注意事项：结合实验原理，明确每个实验有哪些步骤，每个步骤是如何进行的，要达到什么目的。

⑤ 数据处理：看懂每个实验后面实验处理版块所附表格，养成科学记录实验数据的良好习惯。

同学们在进行预习时，应该把精力重点放在对实验原理的理解上。要在实验报告册上完成预习报告。用简短的文字扼要地阐述实验原理，切忌整篇照抄，力求做到图文并茂，用图表示原理图、电路图或者光路图。写出实验所用的主要公式，并说明式中各物理量的意义和单位，以及公式适用条件(或实验必要条件)。我们要求：在实验原理版块，必须出现基本方程、公式和必要的原理图，这是预习的重点。**注意：一份预习报告绝不是照抄教材。**

注意：未完成预习和预习报告者，教师有权停止其实验或成绩降档。

(2) 实验的进行(完成原始数据的记录)

内容包括仪器的安装与调整，观察实验现象与选择测试条件，读数与数据记录，计算与分析实验结果，以及误差估算等。

仪器：记录实验所用主要仪器的编号和规格。记录仪器编号是一个很好的工作习惯，便于以后对实验进行复查。

过程：实验内容和观测现象记录。

数据：数据记录应做到整洁、清晰而有条理，便于计算与复核，达到省工省时的目的。在标题栏内要注明单位。数据不得任意涂改。确定测错而无用的数据，可在旁边注明"作废"字样，不要任意删去。

进入实验室，要遵守实验室规则。实验过程中对观察到的现象和测得数据要及时进行判断，判断它们是否正常与合理。实验过程中可能会出现故障，这时，一定要在教师的指导下，分析故障原因，学会排除故障的本领。实验过程中，要把测得的实验数据填写到实验报告册的⑦原始数据记录与处理版块。这些数据要经过教师检查、签字确认无误后，实验才算完成。做好实验后，要做好仪器设备的整理工作。

注意：离开实验室前，要整理好所用的仪器，做好清洁工作，数据记录须经教师审阅签名。

(3) 完成实验报告(完成数据处理和实验小结、思考题)

进行数据处理，这是完成一个实验题目的最后程序，也是对实验进行全面总结分析的一个过程，必须予以高度重视。

依据误差理论，进行计算结果与误差计算：计算时先将文字公式化简，再代入数值进行运算。误差计算要预先写出误差公式。

结果：准确地写出实验结果。在必要时，注明结果的实验条件。

实验讨论及作业：对实验结果进行分析讨论(对实验中出现的问题进行说明和讨论)，以及写出实验心得或建议等，完成教师指定的作业题。

实验报告是实验工作的总结，是经过对实验操作和观察测量、数据分析以后的永久性的科学记录。编写实验报告有助于锻炼逻辑思维能力，把自己在实验中的思维活动变成有形的文字记录，发表自己对本次实验结果的评价和收获。实验报告可供他人借鉴，促进学术交流。因此，编写实验报告要求做到书写清晰、字迹端正、数据记录整洁、图表合适、文理通顺、内容简明扼要。

注意：预习报告、数据记录和实验报告均用实验室编制的实验报告册。

3. 实验室规则

为了保证实验正常进行，以及培养严肃认真的工作作风和良好的实验工作习惯，特制定下列规则，望同学们遵守执行。

（1）学生应在课程表规定时间内进行实验，严禁无故缺席或迟到。实验时间若要变动，须经实验室同意。

（2）学生在每次实验前对该实验应进行预习，并完成预习报告，进入实验室后，应将预习报告交由教师检查，认为合格后，才可以进行实验。

（3）实验时应携带必要的物品，如文具、计算器和草稿纸等。对于需要作图的实验应事先准备好毫米方格纸和铅笔。

（4）进入实验室后，根据实验卡片框或仪器清单核对自己使用的仪器是否缺少或损坏。若发现有问题，应向教师或实验室管理员提出。未列入清单的仪器，另向管理员借用，实验完毕后归还。

（5）实验前应细心观察仪器构造，操作应谨慎细心，严格遵守各种仪器仪表的操作规则及注意事项。尤其是电学实验，线路接好后先经教师或实验室工作人员检查，经许可后才可接通电路，以免发生意外。

（6）实验完毕前应将实验数据交给教师检查，实验合格者教师予以**签字**通过。余下时间在实验室内进行实验计算与做作业题，待下课后方可离开。实验不合格或请假缺课的学生，由指导教师登记，通知在规定时间内补做。

（7）实验时应注意保持实验室整洁、卫生、安静。实验完毕应将仪器、桌椅恢复原状，放置整齐。

（8）如有仪器损坏应及时报告教师或实验室工作人员，并填写损坏单，注明损坏原因。具体赔偿办法根据学校规定处理。

综上所述，通过实验课的教学，使学生的智能得到全面的训练和提高。各类实验的方法、技巧的训练应由易到难、循序渐进。在规范、严格要求的前提下，也要有意识地进行强化训练。随着实验课的深入进行，逐步培养学生自觉、独立地完成实验的能力，由封闭式"黑匣子"实验室，向开放型、研究型实验室过渡，培养出跨世纪的"四有"人才。

第二节　测量与误差

一、测量的分类

任何实验都离不开测量，没有测量就没有科学。在一定条件下，任何物理量都必然具有某一客观真实的数据。所谓测量，就是以测量出某一物理量值为目的的一系列有意识的科学实践活动。

1. 测量和单位

所谓测量，就是把待测的物理量与一个被选作标准的同类物理量进行比较，确定它是标准量的多少倍。这个标准量称为该物理量的单位，这个倍数称为待测量的数值。可见，一个物理量必须由数值和单位组成，两者缺一不可。

选作比较用的标准量必须是国际公认的、唯一的和稳定不变的。各种测量仪器,如米尺、秒表、天平等,都有合乎一定标准的单位和与单位成倍数的标度。本教材采用通用的国际单位制(SI)。

按测量方法的不同,测量可分为直接测量和间接测量;按测量条件的不同,测量又分为等精度测量和不等精度测量。

2. 直接测量和间接测量

直接测量是把一个量与同类量直接进行比较以确定待测量的量值。一般基本量的测量都属于此类,如用米尺测量物体的长度,用天平称铜块的质量,用秒表测量单摆的周期等。仪表上所标明的刻度或从显示装置上直接读取的值,都是直接测量的量值。

在物理实验中,能够直接测量的量毕竟是少数,大多数是根据直接测量所得数据,根据一定的公式,通过运算,得出所需要的结果。例如,直接测出单摆的长度 l 和单摆的周期 T,应用公式 $T = 2\pi\sqrt{\dfrac{l}{g}}$,以求重力加速度 g,这种测量称为间接测量。

二、误差分类及其处理方法

用实验方法去研究事物的客观规律,总是在一定的环境(温度、湿度等)和仪器条件下进行的,由于测量条件(环境、温度、湿度等)的变化以及仪器精度的不同,因而在任何测量中,测量结果与待测量客观存在的真值之间总存在着一定的差异,也就是说误差是永远存在的。为描述测量中这种客观存在的差异性,可以引进测量误差的概念。

误差就是测量值与客观真值之差,即:

$$误差 = 测量值 - 真值$$

被测量量的真值是一个理想概念,一般来说真值是不知道的(否则就不必进行测量了)。为了对测量结果的误差进行估算,我们用约定真值来代替真值求误差。所谓约定真值就是被认为是非常接近真值的值,它们之间的差别可以忽略不计。一般情况下,常把多次测量结果的算术平均值、标称值、校准值、理论值、公认值、相对真值等均可作为约定真值来使用。

上面定义的误差是绝对误差。在没有特别指明时,误差就是用绝对误差来表示。设测量值的真值为 X,则测量值 x 的绝对误差

$$\Delta x = x - X$$

仅仅根据绝对误差的大小还难以评价一个测量结果的可靠程度,还需要看测定值本身的大小,为此引入相对误差的概念。例如,用同一仪器进行两次测量:①测量 10 m 长相差 2 cm,②测量 20 m 相差 2 cm,两次测量绝对误差相同,但是,哪次测量的准确一些呢?

显然,只有绝对误差还难以评价测量结果的可靠程度,因此引入相对误差的概念。相对误差是绝对误差与真值之比,真值不能确定则用约定真值。在近似情况下,相对误差也往往表示为绝对误差与测量值之比。相对误差常用百分数表示,即

$$E = \frac{\Delta x}{X} \times 100\% \approx \frac{|\Delta x|}{x} \times 100\%$$

如果待测量有理论值或公认值,也可用百分差 E_0 来表示测量的好坏,即

$$E_0 = \frac{测量值\ x - 公认值\ x'}{公认值\ x'} \times 100\%$$

相对误差和百分差通常只取 **2 位有效数字**,并且用**百分数形式**来表示。

因此,在测量过程中,我们要建立起误差永远伴随测量过程始终的实验思想。不标明误差的测量结果,在科学上是没有价值的。

既然测量不能得到真值,那么怎样才能最大限度地减小测量误差,并估算出误差的范围呢?要回答这些问题,首先要了解误差产生的原因及其性质。误差主要来源于:仪器误差、环境误差、人员误差、方法误差。为了便于分析,根据误差的性质把它们归纳为系统误差和随机误差两大类。

1. 系统误差

系统误差是指在多次测量同一物理量的过程中,保持不变或以可预知方式变化的测量误差的分量。系统误差主要来源有以下几方面:

(1) 仪器的固有缺陷,如仪器刻度不准、零点位置不正确、仪器的水平或铅直未调整、天平不等臂等;

(2) 实验理论近似性或实验方法不完善,如用伏安法测电阻没有考虑电表内阻的影响,用单摆测重力加速度时取 $\sin\theta \approx \theta$ 带来的误差等;

(3) 环境的影响或没有按规定的条件使用仪器,例如标准电池是以 20℃时的电动势数值作为标称值的,若在 30℃条件下使用时,如不加以修正就引入了系统误差;

(4) 实验者心理或生理特点造成的误差,如计时的滞后,习惯于斜视读数等。

系统误差一般应通过校准测量仪器、改进实验装置和实验方案、对测量结果进行修正等方法加以消除或尽可能减小。发现并减小系统误差通常是一件困难的任务,需要对整个实验所依据的原理、方法、仪器和步骤等可能引起误差的各种因素进行分析。实验结果是否正确,往往在于系统误差是否已被发现和尽可能消除,因此对系统误差不能轻易放过。

在实际测量中,如果判断出有系统误差存在,就必须进一步分析可能产生系统误差的因素,想方设法减小和消除系统误差。由于测量方法、测量对象、测量环境及测量人员不尽相同,因而没有一个普遍适用的方法来减小或消除系统误差。下面简单介绍几种减小和消除系统误差的方法和途径。

(1) 从产生系统误差的根源上消除。从产生系统误差的根源上消除误差是最根本的方法,通过对实验过程中的各个环节进行认真仔细分析,发现产生系统误差的各种因素。可以从下面几个方面采取措施从根源上消除或减小误差:采用近似性较好又比较切合实际的理论公式,尽可能满足理论公式所要求的实验条件;选用能满足测量误差所要求的实验仪器装置,严格保证仪器设备所要求的测量条件;采用多人合作,重复实验的方法。

(2) 引入修正项消除系统误差。通过预先对仪器设备将要产生的系统误差进行分析计算,找出误差规律,从而找出修正公式或修正值,对测量结果进行修正。

(3) 采用能消除系统误差的方法进行测量。对于某种固定的或有规律变化的系统误差,可以采用交换法、抵消法、补偿法、对称测量法、半周期偶数次测量法等特殊方法进行清除。采用什么方法要根据具体的实验情况及实验者的经验来决定。

无论采用哪种方法都不可能完全将系统误差消除,只要将系统误差减小到测量误差要求允许的范围内,或者系统误差对测量结果的影响小到可以忽略不计,就可以认为系统误差已被消除。

2. 随机误差

随机误差(偶然误差)是指在同一被测量的多次测量过程中,测量误差的绝对值与符号以不可预知(随机)的方式变化并具有抵偿性的测量误差分量。

实践和理论证明,大量的随机误差服从正态分布(高斯分布)规律。正态分布的曲线如图 0-1 所示,图中的横坐标表示误差 $\Delta x = x_i - X$,纵坐标为误差的概率密度 $f(\Delta x)$,其数学表达式为

$$f(\Delta x) = \frac{1}{\sigma\sqrt{2\pi}}e^{-\frac{\Delta x^2}{2\sigma^2}}$$

式中的特征量 σ 为

$$\sigma = \sqrt{\frac{\sum \Delta x_i^2}{n}} \quad (n \to \infty)$$

σ 称为总体标准误差,其中 n 为测量次数。

σ 表示的概率意义可以从 $f(\Delta x)$ 的函数式求出。由概率论可知,误差出现在 $(-\sigma, +\sigma)$ 区间内的概率就是图 0-1 中该区间内 $f(\Delta x)$ 曲线下的面积:

$$P(-\sigma < \Delta x < +\sigma) = \int_{-\sigma}^{+\sigma} f(\Delta x)\mathrm{d}\Delta x = 68.3\%$$

因此,σ 所表示的意义就是:做任何一次测量,测量误差落在 $-\sigma$ 到 $+\sigma$ 之间的概率为 68.3%。

σ 并不是一个具体的测量误差值,它提供了一个用概率来表达测量误差的方法。

$[-\sigma, +\sigma]$ 称为**置信区间**,其相应的概率 $P(\sigma) = 68.3\%$ 称为**置信概率**。显然,置信区间扩大,则置信概率提高。置信区间取 $[-2\sigma, +2\sigma]$、$[-3\sigma, +3\sigma]$,相应的置信概率 $P(2\sigma) = 95.4\%$,$P(3\sigma) = 99.7\%$。

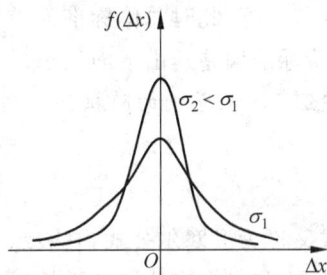

图 0-2 是不同 σ 值时的 $f(\Delta x)$ 曲线。σ 值小,曲线陡且峰值高,说明测量值的误差集中,小误差占优势,各测量值的分散性小,重复性好。反之,σ 值大,曲线较平坦,各测量值的分散性大,重复性差。

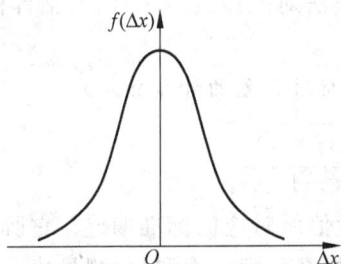

图 0-1　随机误差分布特点　　　　　　　图 0-2　不同 σ 的概率密度曲线

服从正态分布的随机误差具有以下几个特征。

(1) 单峰性:测量值与真值相差愈小,这种测量值(或误差)出现的概率(可能性)愈大,与真值相差大的,则概率愈小。

(2) 对称性:绝对值相等、符号相反的正、负误差出现的概率相等。

(3) 有界性:绝对值很大的误差出现的概率趋近于零。也就是说,总可以找到这样一

个误差限,某次测量的误差超过此限值的概率小到可以忽略不计的地步。

（4）抵偿性：随机误差的算术平均值随测量次数的增加而越来越趋向于零,即

$$\lim_{n\to\infty}\frac{1}{n}\sum_{i=1}^{n}\Delta x_i=0$$

3. 随机误差的处理

对测量中的随机误差如何处理呢？我们可以利用正态分布理论的一些结论来进行处理。

现设对某一物理量在测量条件相同的情况下,进行 n 次无明显系统误差的独立测量,测得 n 个测量值为

$$x_1,x_2,x_3,\cdots,x_n$$

往往称此为一个测量列。在测量不可避免地存在随机误差的情况下,处理这一测量列时必须要回答下列两个问题：

（1）由于每次测量值各有差异,那么怎样的测量值是最接近于真值的最佳值？

（2）测量值的差异性即测量值的分散程度直接体现随机误差的大小,测量值越分散,测量的随机误差就越大,那么怎样对测量的随机误差做出估算才能表示出测量的精密度呢？

在数理统计中,对此已有充分的研究,下面我们只引用它们的结论。

结论一：当系统误差已被消除时,测量值的算术平均值最接近被测量的真值,测量次数越多,接近程度越好（当 $n\to\infty$ 时,平均值趋近于真值）,因此我们用算术平均值表示测量结果真值的最佳值。

算术平均值的计算式是

$$\bar{x}=\frac{1}{n}(x_1+x_2+x_3+\cdots+x_n)=\frac{1}{n}\sum_{i=1}^{n}x_i$$

我们将各次测量值 x_i 与算数平均值之差称为该次测量的残差,写为

$$\Delta x_i=x_i-\bar{x}\quad(i=1,2,3,\cdots,n)$$

因为真值 X 不可知,我们只能知道残差而不知道绝对误差 $\Delta x=x-X$,所以只能用残差代替误差计算,此时总体标准误差 δ 常用“方均根”方法对残差进行统计,其估计值为 S_x（称为实验标准偏差）,由下面给出。

结论二：一测量列的随机误差用标准偏差来估算,标准偏差的计算公式为

$$S_x=\sqrt{\frac{\sum\Delta x_i^2}{n-1}}=\sqrt{\frac{\sum(x_i-\bar{x})^2}{n-1}}$$

这个公式又称为贝塞尔公式,它表示一测量列中各测量值所对应的标准偏差。它所表示的物理意义是,如果多次测量的随机误差遵从正态分布,那么任意一次测量,测量值误差落在 $[-S_x,+S_x]$ 之间的可能性为 68.3%；或者说,对某一次测量结果,真值在 $[-S_x,+S_x]$ 区间内的概率为 68.3%。它可以表示这一列测量值的精密度,反映出测量值的离散性。标准偏差小就表示测量值很密集,即测量的精密度高；标准偏差大就表示测量值很分散,即测量精密度低。现在很多计算器上都有这种统计计算功能,可以直接用计算器求得 S_x 和 $\bar{x}$ 等数值,用 Excel 软件亦可计算出标准偏差（这部分内容在第六节详细讨论）。

值得指出的是,在多次测量时,正负随机误差常可以大致相消,因而用多次测量的算术

平均值表示测量结果可以减小随机误差的影响。但多次重复测量不能消除或减小测量中的系统误差。

第三节　有效数字及简算方法

一、有效数字的概念

任何物理量的测量都存在误差,因此表示该测量值的数值位数不能随意取位,而应能正确反映测量精度。另一方面,数值计算都有一定的近似性,这就要求计算的准确性既不能超过测量的准确性,也不能低于测量的准确性,使测量的准确性受到损失。即计算的准确性必须与测量的准确性相适应。能正确而有效地表示测量和实验结果的数字,称为有效数字。有效数字由直接从度量仪器最小分度以上的若干位准确数值与最小分度值的下一位(有时是在同一位)估读(或称为可疑)数值构成。

1. 直接测量的读数原则

在进行物理量的直接测量过程中,测量值的有效数字位数取决于测量仪器。例如:用最小刻度为毫米的米尺测量长度,如图 0-3(a)所示,$L = 1.67$ cm。那么,我们该如何读出其测量值呢? 首先,由于该米尺的最小刻度为毫米位,所以可以直接读出前两位"1.6",是准确的,称为可靠数字。但是该被测物的长度超过了 1.6 cm,超过多少却无法确定,原因就是此米尺的最小刻度是毫米位,第三位有效数字应为 1/10(mm),因此这位有效数字无法准确确定,只能估计。这个估计的数字叫做可疑数字,可疑数字带有一定的主观色彩,我们估计它为"7",这个"7"虽然是估计的,但是是有效的,所以读出的是三位有效数字"1.67"。若如图 0-3(b)所示时,$L = 2.00$ cm,仍是三位有效数字,而不能读写为 $L = 2.0$ cm 或 $L = 2$ cm,因为这样表示分别只有两位或一位有效数字。如图 0-3(c)所示,$L = 90.70$ cm 有四位有效数字。若是改用厘米刻度米尺测量该长度时,如图 0-3(d)所示,则 $L = 90.7$ cm,只有三位有效数字。在平时实验过程中,同学们经常犯的错误就是:不能根据所用的测量仪器得到合理、正确的测量数据,所以请大家务必牢记:所得的测量数据的最后一位是可疑数据,是主观估计的,而可疑数字前一位数字的单位必定为仪器的最小刻度单位。

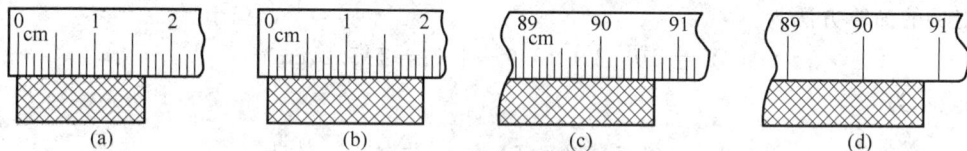

图 0-3　直接测量的有效数字

综上所述,**直接测量值的有效数字位数取决于使用的测量仪器**。仪器的精确程度越高,测量结果的有效数字位数越多,测量结果的相对误差愈小,测量愈准确。反过来,我们也可以通过被测数据的有效数字位数来确定仪器的精确程度,例如,我们得到一个测量数据 $L = 1.67$ cm,就可以断定:测量仪器的最小刻度为毫米位。因为在这个数据中,"7"是可疑数字,"6"是准确的,"6"对应的为毫米位,故而,测量仪器的最小刻度一定为毫米位。

有效数字中的"0"不同于 1,2,…,9 等其他 9 个数字,需要注意下面两种情况:

(1) 有效数字的位数从第一个不是"0"的数字开始算起,末尾的"0"和数值中间出现的"0"都属于有效数字。例如图 0-3(c),物体的边缘恰好与毫米尺上的 90.7 cm 刻度线对齐,测量数据应为 90.70 cm,不能写成 90.7 cm。因为此处的"0"仍然是有效数字的有效成分,它表示的测量值是十分位准确的,而 90.7 cm 则表示十分位是可疑的,90.70 cm 表示的是四位有效数字。

(2) 有效数字的位数与小数点位置或单位换算无关。例如,1.2 m 不能写作 120 cm、1200 mm 或 1 200 000 μm,应记为

$$1.2 \text{ m} = 1.2 \times 10^2 \text{ cm} = 1.2 \times 10^3 \text{ mm} = 1.2 \times 10^6 \ \mu\text{m}$$

它们都是两位有效数字。反之,把小单位换成大单位,小数点移位,在数字前出现的"0"不是有效数字,如 2.42 mm = 0.242 cm = 0.002 42 m,它们都是三位有效数字。

二、有效数字的运算

为获得实验结果,往往需要对测得的数据进行运算。在数据运算中,首先应保证测量的准确程度,在此前提下,尽可能节省运算时间,免得浪费精力。运算时应使结果具有足够的有效数字,不要少算,也不要多算。少算会带来附加误差,降低结果的精确程度;多算是没有必要的,算得位数很多,但决不可能减少误差。下面分别介绍有效数字的运算规则。

1. 加减运算

几个数相加减时,最后结果的可疑数字与各数值中最先出现的可疑数字对齐。下面例题运算过程中数字下画线的是可疑数字。

例 1 已知 $Y = A + B - C$,式中 $A = (103.3 \pm 0.5)$cm,$B = (13.561 \pm 0.012)$cm,$C = (1.652 \pm 0.005)$cm,试问计算结果应保留几位数字?

解:先观察一下具体的运算过程:

$$
\begin{array}{r} 103.3 \\ + \quad 13.561 \\ \hline 116.861 \end{array}
\xrightarrow{\text{可简化为}}
\begin{array}{r} 103.3 \\ + \quad 13.6 \\ \hline 116.9 \end{array}
\qquad
\begin{array}{r} 116.9 \\ - \quad 1.652 \\ \hline 115.248 \end{array}
\xrightarrow{\text{可简化为}}
\begin{array}{r} 116.9 \\ - \quad 1.7 \\ \hline 115.2 \end{array}
$$

一个数字与一个可疑数字相加或是相减,其结果必然是可疑数字。本例各数值中最先出现可疑数字的位置在小数点后第一位(即 103.3),按照运算结果保留一位可疑数字的原则,上例的简算方法为

$$Y = 103.3 + 13.6 - 1.7 = 115.2\,(\text{cm})$$

结果表示为

$$Y = (115.2 \pm 0.5)\text{cm}, \qquad \frac{\Delta Y}{Y} = 0.44\%$$

2. 乘除运算

几个数相乘除,计算结果的有效数字位数与各数值中有效数字位数最少的一个相同(或最多再多保留一位)。

例 2 $1.1111 \times 1.11 = ?$ 试问计算结果应保留几位数字?

解:用计算器计算可得 $1.1111 \times 1.11 = 1.233\,321$,但是,此结果究竟应取几位数字才合理呢?我们来看一下具体的运算过程便一目了然。见运算式,因为一个数字与一个可疑数字相乘,其结果必然是可疑数字,所以,由上面的运算过程可见,小数点后面第二位的"3"

及其以后的数字都是可疑数字。按照保留 1 位可疑数字的原则,计算结果应写成 1.23,为 3 位有效数字。这与上面叙述的加减简算法则是一致的,即在此例中,5 位有效数字与 3 位有效数字相乘,计算结果为 3 位有效数字。

$$\begin{array}{r} 1.111\underline{1} \\ \times\quad 1.1\underline{1} \\ \hline 1111\underline{1} \\ 1111\underline{1}\quad \\ 1111\underline{1}\quad\quad \\ \hline 1.2\underline{3}3321 \end{array}$$

除法是乘法的逆运算,这里不再详细论述。

3. 乘方运算

乘方运算的有效数字位数与其底数相同。

4. 对数、三角函数和 n 次方运算

对数、三角函数和 n 次方运算它们的计算结果必须按照误差传递公式来决定有效数字位数,而不可以用前面所述的简算方法。

5. 数字的截尾运算

在数据处理时,经常要截去多余的尾数,一般截尾时以"尾数大于五进,小于五舍,等于五时取偶"来定。

根据以上的截尾原则,将下列数截去尾数成 4 位有效数字时,应有

$$2.345\ 26 \rightarrow 2.345$$
$$2.345\ 50 \rightarrow 2.346$$
$$2.346\ 50 \rightarrow 2.346$$
$$2.347\ 50 \rightarrow 2.348$$

6. 计算的中间过程

计算的中间过程,有效数字可以暂保留两位可疑数字,即多保留一位有效数字,但最终计算结果仍要按前面的规定处理有效数字。

应该强调的是,在上述的近似计算规则中,由于具体问题所要求的准确度或采用的方法不同,可能得出具有不同位数的有效数字的结果,只要这些结果是在实际问题允许的范围内,便都可以认为是正确的。盲目地追求计算结果的绝对准确或违反计算规则而无根据的取舍有效数字都是错误的。

第四节　实验不确定度及测量结果的表示

不确定度是指由于测量误差的存在而对被测量值不能确定的程度,是表征被测量的真值所处的量值范围的评定。实验结果不仅要给出测量值的最佳值 $\bar{x}$,同时还要标出测量的总不确定度 Δx,最终写成

$$x = \bar{x} \pm \Delta x$$

这表示被测量的真值在 $(\bar{x}-\Delta x, \bar{x}+\Delta x)$ 的范围之外的可能性(或概率)很小。显然,测量不

确定度的范围越窄,测量结果就越可靠。

引入不确定度概念后,测量结果的完整表达式中应包含①测量值;②不确定度;③单位。

与误差表示方法一样,引入相对不确定度 E_x,即不确定度的相对值为

$$E_x = \frac{\Delta x}{x} \times 100\%$$

需要注意的是:不确定度与误差有区别,误差是一个理想的概念,一般不能精确知道,但不确定度反映误差存在分布的范围,可由误差理论求得。

一、不确定度的分类和估算方法

不确定度根据其性质和估算方法不同,可分为 A 类不确定度和 B 类不确定度。A 类不确定度是被测量能用统计方法估算出来的不确定度分量,B 类不确定度则是不能用统计方法估算的所有不确定度分量。

A 类不确定度:多次重复测量时用统计方法计算的那些分量 Δ_A,比如估算随机误差的标准偏差 S_x 就属于 A 类分量。

B 类不确定度:用其他非统计方法估出的那些分量,它们只能基于经验或其他信息作出评定,如系统误差的估算等。一般用近似的等价标准差 Δ_B 表征:

$$\Delta_B = \Delta_{仪} / C$$

其中,$\Delta_{仪}$ 为仪器误差,C 为修正因子。

在基础物理实验教学中,为简便计算,直接取 $\Delta_A = S_x$,即把一测量列的标准偏差的值当作多次测量中用统计方法计算的不确定度分量 Δ_A。标准偏差 S_x 和不确定度中的 A 类分量 Δ_A 是两个不同的概念。在基础物理实验中,当 $5 < n \leqslant 10$ 时,取 S_x 值当作 Δ_A 是一种最方便的简化处理方法。因为当 Δ_B 可忽略不计时,有 $\Delta = \Delta_A = S_x$,这时可以证明被测量量的真值落在 $(\bar{x} - \Delta x, \bar{x} + \Delta x)$ 范围内的可能性(概率)已大于或接近 95%,也即被测量的真值在 $(\bar{x} - \Delta x, \bar{x} + \Delta x)$ 的范围之外的可能性(概率)很小(小于 5%)。因此(如果不是特别注明,下文均取)

$$\Delta_A = S_x = \sqrt{\frac{\sum (x_i - \bar{x})^2}{n-1}}$$

那么,在物理实验中 B 类分量 Δ_B 的修正因子又如何确定呢?这是一个困难的问题,这需要实验者的经验、知识、判断能力以及对实验过程中所有有价值信息的把握和分析,然后合理地估算出 B 类分量 Δ_B。但对于一般的教学实验,我们也作一个简化的约定,取 $C=1$,即把仪器误差简单化地直接当作用非统计方法估算的分量 Δ_B。

二、总不确定度

总不确定度:当各量相互独立时,用方和根法将上述两类不确定度分量合成即得总不确定度 Δ,简称不确定度:

$$\Delta = \sqrt{\Delta_{仪}^2 + S_x^2}$$

相对不确定度:

$$E_x = \frac{\Delta}{\bar{x}} \times 100\%$$

其意义与相对误差类似。

测量结果不确定度的表示：

$$\begin{cases} x = (\bar{x} \pm \Delta) \text{ 单位} \\ E_x = \dfrac{\Delta}{\bar{x}} \times 100\% \end{cases}$$

不确定度愈小，实验测量质量愈好；不确定度愈大，实验测量质量愈差。

由于不确定度的评定要合理赋予被测量值的不确定区间，而不同的置信概率所表示的不确定度区间是不同的，因此，还应表明是多大概率含义的不确定度。在基础物理实验教学中，我们暂不讨论不确定度的概率含义，而将测量结果不确定度表示简化地理解为测量量的真值在 $(\bar{x} - \Delta, \bar{x} + \Delta)$ 区间之外的可能性（概率）很小，或者说，被测量量的真值位于 $(\bar{x} - \Delta, \bar{x} + \Delta)$ 区间之内的可能性很大。物理量都有单位，不能不写出。因此，一个完整的测量结果包含有三要素：测量结果的最佳估计值、不确定度和单位。

应该指出，随机误差和系统误差并不简单地对应于 A 类和 B 类不确定度分量。如对于未能进行 n 次重复测量的情况，其随机误差就不能利用统计方法处理，而要利用被测量量可能变化的信息进行判断，这就属于 B 类不确定度分量。要进一步了解两类不确定度分量的评定和合成不确定度的计算问题，读者可参阅其他参考书籍。

三、测量结果的表示

1. 单次直接测量结果不确定度的估算（表示）

在实际测量中，有时测量不能或不需要重复多次；或者仪器精度不高，测量条件比较稳定，多次测量同一物理量结果相近。例如用准确度等级为 2.5 级的万用表去测量某一电流，经多次重复测量，几乎都得到相同的结果。这是由于仪器的精度较低，一些偶然的未控因素引起的误差很小，仪器不能反映出这种微小的起伏。因而，在这种情况下，我们只需要进行单次测量。

如何确定单次测量结果的不确定度呢？显然我们不能求出单次测量量的 A 类不确定度分量 Δ_A。尽管 Δ_A 依然存在，但在单次测量的情况下，往往是 $\Delta_仪$ 要比 Δ_A 大得多。按照微小误差原则，即只要 $\Delta_A < \dfrac{1}{3}\Delta_B \left(\text{或 } S_x < \dfrac{1}{3}\Delta_仪\right)$，在计算 Δ 时就可以忽略 Δ_A 对总不确定度的影响。所以，对单次测量，Δ 可简单地用仪器误差 $\Delta_仪$ 来表示。即

$$单次测量结果 = (测量值 \pm \Delta_仪) \text{ 单位}$$

测量值应估读到仪器最小刻度的 1/10（或 1/5，1/2）。

测量是用仪器或量具进行的，有的仪器比较粗糙或灵敏度较低，有的仪器比较精确或灵敏度较高，但任何仪器，由于技术上的局限性，总存在误差。仪器误差就是指在正确使用仪器的条件下，测量所得结果和被测量的真值之间可能产生的最大误差。

仪器误差通常是由制造工厂和计量机构使用更精确的仪器、量具，通过检定比较后给出的。在仪器和量具的使用手册或仪器面板上，一般都能查到仪器允许的基本误差。因此，使用仪器或量具之前熟悉这种资料是重要的。

例如，实验室常用的量程在 100 mm 以内的一级千分尺。其副尺上的最小分度值为 0.01 mm（精度），而它的仪器误差（常称为示值误差）为 0.004 mm。测量范围在 300 mm 以

内的游标卡尺,其分度值便是仪器的示值误差,因为确定游标尺上哪条线与主尺上某一刻度对齐,最多只可能有正负一条线之差。例如主副尺最小分度值之差为 1/50 mm 的游标卡尺,其精度和示值误差均为 0.02 mm。有的测量器具并不直接给出仪器误差,而是以"准确度等级"来估计的。级值越小,则准确度越高。

一般的测量仪器上都有指示不同量值的刻线标记(刻度)。相邻两刻线所代表的量值之差称为分度值。其最小分度标志着仪器的分辨能力。在仪器设计时,分度和表盘的设计总是与仪器的准确度相适应的。一般来说仪器的准确度越高,刻度越细越密,但也有仪器的最小分度超过其准确度的。如一般水银温度计最小分度值为 0.1℃,但其示值误差为 0.2℃。如果手头缺乏有关仪器的技术资料,没有标明仪器的准确度,这时用仪器的最小分度值估算仪器误差是简单可行的办法。

许多计量仪器、量具的误差产生原因及具体误差分量的计算分析,大多超出了本课程的要求范围。为初学者方便,我们仅从以下三方面来考虑仪器误差 $\Delta_{仪}$:

(1) 仪器说明书上给出的仪器误差值,如游标卡尺、螺旋测微计的示值误差等;

(2) 仪器(电表)的精度等级按量程决定值;

(3) 最小分度值或最小分度值的一半。

如果能同时得到这三者,一般在三者中取最大值。

2. 多次测量结果的不确定度估算(表示)

由于测量中存在随机误差,为了能获得测量最佳值,并对结果作出正确评价,就需要对待测量进行多次重复测量。虽然测量次数增加时,能减少随机误差对测量结果的影响,但在基础物理实验中,考虑到测量仪器的准确度和测量方法、环境等因素的影响,对同一量作多次直接测量时,一般把测量次数定在 5~10 次较为妥当。

多次重复测量结果的最佳估计值和不确定度的计算公式:

算术平均值:

$$\bar{x} = \frac{1}{n}\sum_{i=1}^{n} x_i$$

偏差:

$$\Delta x_i = x_i - \bar{x}$$

标准偏差:

$$S_x = \sqrt{\frac{\sum (x_i - \bar{x})^2}{n-1}}$$

不确定度:

$$\Delta = \sqrt{\Delta_{仪}^2 + S_x^2}$$

测量结果的表示:

$$x = \bar{x} \pm \Delta$$

$$E_x = \frac{\Delta}{\bar{x}} \times 100\%$$

其中: $\bar{x}$ 的有效数字由不确定度 Δ 来决定;$\bar{x}$ 与 Δ 的小数末位要对齐;E_x 取两位有效数字且为百分数形式,Δ 只要求取 1 位有效数字。

例 3　下表为某同学在《拉伸法测弹性模量》实验中获得的钢丝长度的测量数据,请完成表格的填写。

（1）L,D,d,b 的测量数据

被测量	次　数					$\bar{x}$	S_x	$\Delta_{x仪}$	Δ_x	$x=\bar{x}\pm\Delta_x$	$E_x=\Delta_x/\bar{x}$
	1	2	3	4	5						
L/cm	86.75	86.70	86.72	86.80	86.75						

解：这是典型的直接测量量的数据处理问题。

首先,我们从已获得的数据可以看出,该测量仪器的最小分度值为 mm,故 $\Delta_{x仪}=0.5$ mm。

表中 $\bar{x}$ 一列表示的为测量量的最佳值,钢丝长度的测量值共进行了 5 次测量,分别为

$$L_1=86.75 \text{ cm}, \quad L_2=86.70 \text{ cm}, \quad L_3=86.72 \text{ cm},$$

$$L_4=86.80 \text{ cm}, \quad L_5=86.75 \text{ cm}$$

所以

$$\bar{L}=\frac{1}{5}\sum_{i=1}^{5}L_i=86.744 \text{ cm（中间过程，多保留几位有效数字）}$$

$$S_L=\sqrt{\frac{1}{5-1}\sum_{i=1}^{5}(l_i-\bar{l})^2}=0.0378 \text{ cm}$$

$$\Delta_{仪}=0.05 \text{ cm}$$

$$\Delta_L=\sqrt{\Delta_{仪}^2+S_x^2}=0.062\,68 \text{ cm}\approx0.063 \text{ cm}$$

$$L=\bar{L}\pm\Delta_L=86.74 \text{ cm}\pm0.06 \text{ cm}$$

$$E_L=\frac{\Delta_L}{\bar{L}}\times100\%=0.069\%$$

将上述计算结果填入表格相应位置即可完成本题。

3. 间接测量结果的不确定度估算

间接测量值是通过一定函数式由直接测量值计算得到。显然,把各直接测量结果的最佳值代入函数式就可得到间接测量结果的最佳值。这样一来,直接测量结果的不确定度就必然影响到间接测量结果,这种影响大小也可以由相应的函数式计算出来,这就是不确定度的传递。

① 间接测量量的函数式（或称测量式）为单元函数（即由一个直接测量量计算得到间接测量量）的情况：

$$N=F(x)$$

式中 N 是间接测量量,x 为直接测量量。若 $x=\bar{x}\pm\Delta_x$,即 x 的不确定度为 Δ_x,它必然影响间接测量结果,使 N 值也有相应的不确定度 Δ_N。由于不确定度都是微小量（相对于测量值）,相当于数学中的增量,因此间接测量量的不确定度传递的计算公式可借用数学中的微分公式。根据微分公式

$$\mathrm{d}N=\frac{\mathrm{d}F(x)}{\mathrm{d}x}\mathrm{d}x$$

可得到间接测量量 N 的不确定度 Δ_N 为

$$\Delta_N = \frac{\mathrm{d}F(x)}{\mathrm{d}x}\Delta_x$$

其中 $\dfrac{\mathrm{d}F(x)}{\mathrm{d}x}$ 是传递系数,反映了 Δ_x 对 Δ_N 的影响程度。

② 间接测量量所用的测量式是多元函数式,即由多个直接测量量计算得到一个间接测量结果。

间接待测量:

$$N = F(x,y,z,\cdots)$$

式中 $x,y,z,\cdots$ 是相互独立的直接测量量,它们的不确定度 $\Delta_x,\Delta_y,\Delta_z,\cdots$ 是如何影响间接测量量 N 的不确定度 Δ_N 的呢? 仿照多元函数求全微分的方法,单独考虑 x 的不确定度 Δ_x 对 Δ_N 的影响时,有

$$(\Delta_N)_x = \frac{\partial F(x,y,z,\cdots)}{\partial x}\Delta_x = \frac{\partial F}{\partial x}\cdot\Delta_x$$

单考虑 y 的不确定度 Δ_y 对 Δ_N 影响时,有

$$(\Delta_N)_y = \frac{\partial F(x,y,z,\cdots)}{\partial y}\Delta_y = \frac{\partial F}{\partial y}\cdot\Delta_y$$

同理可得

$$(\Delta_N)_z = \frac{\partial F(x,y,z,\cdots)}{\partial z}\Delta_z = \frac{\partial F}{\partial z}\cdot\Delta_z$$

$$\cdots\cdots$$

把它们合成时,不能像求全微分那样进行简单地相加。因为不确定度不简单地等同于数学上的"增量"。在合成时要考虑到不确定度的统计性质,所以采用方和根合成,于是得到间接测量结果合成不确定度的传递公式。

数学微分公式:

$$\mathrm{d}N = \frac{\partial F}{\partial x}\mathrm{d}x + \frac{\partial F}{\partial y}\mathrm{d}y + \frac{\partial F}{\partial z}\mathrm{d}z + \cdots$$

不确定度传递公式:

$$\Delta_N = \sqrt{\left(\frac{\partial F}{\partial x}\right)^2\Delta_x^2 + \left(\frac{\partial F}{\partial y}\right)^2\Delta_y^2 + \left(\frac{\partial F}{\partial z}\right)^2\Delta_z^2 + \cdots}$$

当间接测量所依据的数学公式较为复杂时,计算不确定度的过程也较为繁琐。如果函数形式主要以和差形式出现时,一般采用上式计算,其流程如下:

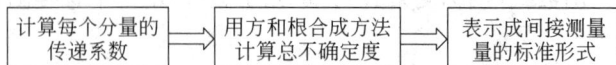

计算每个分量的传递系数 → 用方和根合成方法计算总不确定度 → 表示成间接测量量的标准形式

必须注意的是:采用这种方法进行计算时,如果函数表达式为积、商或乘方、开方等形式出现时,计算过程会非常繁琐。

如果测量式是积商形式的函数,在计算合成不确定度时,往往两边先取自然对数,然后进行全微分,再进行方和根合成,得到相对不确定度,最后得到相对不确定度传递公式:

$$N = F(x,y,z,\cdots)$$

先对表达式取自然对数 $\ln N = \cdots$,再进行全微分

$$\mathrm{d}\ln N = \frac{\mathrm{d}N}{N} = \frac{\partial \ln F}{\partial x}\mathrm{d}x + \frac{\partial \ln F}{\partial y}\mathrm{d}y + \frac{\partial \ln F}{\partial z}\mathrm{d}z + \cdots$$

改微分号为不确定度符号，求其"方和根"，便可得间接测量量 N 的相对不确定度：

$$\frac{\Delta_N}{N} = \sqrt{\left(\frac{\partial \ln F}{\partial x}\right)^2 \cdot (\Delta_x)^2 + \left(\frac{\partial \ln F}{\partial y}\right)^2 \cdot (\Delta_y)^2 + \left(\frac{\partial \ln F}{\partial z}\right)^2 \cdot (\Delta_z)^2 + \cdots}$$

利用相对不确定度传递公式先求出 $E_N = \dfrac{\Delta_N}{N}$，再求 $\Delta_N = E_N \times \overline{N}$。其流程如下：

计算间接测量量的最佳值 → 计算间接测量量的相对不确定度 → 求 Δ_N $\Delta_N = E_N \times \overline{N}$ → 表示成间接测量量的标准形式

请同学们自己推导常用函数的不确定度差传递公式。

例 4　在《拉伸法测弹性模量》实验中，钢丝的弹性模量表达式为 $Y = \dfrac{8FLB}{\pi D^2 b \Delta n}$，若式中部分待测量及其不确定度已经确定（如下表），其中 $F = 9.80\ \mathrm{N}$，$\dfrac{\Delta_F}{F} = 0.50\%$，$\overline{\Delta n} = 0.41$，$\dfrac{\Delta n}{\Delta n} = 0.70\%$，试求出弹性模量 Y 的不确定度，并表示成间接结果的标准表达形式。

被测量	$\overline{x}$	S_x	$\Delta_{x仪}$	Δ_x	$x = \overline{x} \pm \Delta_x$	$E_x = \Delta_x / \overline{x}$
L/cm	86.74	3.81×10^{-2}	0.05	0.06	86.74 ± 0.06	0.070%
B/m	1.8506	6.5498×10^{-4}	5×10^{-4}	0.0008	1.8506 ± 0.0008	0.040%
D/mm	0.856	0.008 62	0.004	0.009	0.856 ± 0.002	0.23%
b/cm	6.75	—	0.05	0.05	6.75 ± 0.05	0.70%

解：这是一道典型的间接测量量不确定度求解的问题，并且该表达式为积的形式，即

$$\overline{Y} = \frac{8\overline{F} \cdot \overline{L} \cdot \overline{B}}{\pi \cdot \overline{D}^2 \cdot \overline{b} \cdot \Delta n} = 1.9754 \times 10^{11}\ (\mathrm{N/m}^2)$$

表达式取自然对数

$$\ln Y = \ln 8 + \ln F + \ln L + \ln B - \ln \pi - 2\ln D - \ln b - \ln \Delta n$$

表达式全微分等式变为

$$\mathrm{d}\ln Y = \frac{\mathrm{d}Y}{Y} = \frac{\partial \ln Y}{\partial F}\mathrm{d}F + \frac{\partial \ln Y}{\partial L}\mathrm{d}L + \frac{\partial \ln Y}{\partial B}\mathrm{d}B + \frac{\partial \ln Y}{\partial D}\mathrm{d}D + \frac{\partial \ln Y}{\partial b}\mathrm{d}b + \frac{\partial \ln Y}{\partial \Delta n}\mathrm{d}\Delta n$$

改微分号为不确定度符号，求其方和根，便可得间接测量量 N 的相对不确定度

$$\frac{\Delta_Y}{Y} = \sqrt{\left(\frac{1}{F}\Delta_F\right)^2 + \left(\frac{1}{L}\Delta_L\right)^2 + \left(\frac{1}{B}\Delta_B\right)^2 + \left(\frac{1}{D}2\Delta_D\right)^2 + \left(\frac{1}{b}\Delta_b\right)^2 + \left(\frac{1}{\Delta n}\Delta_{\Delta n}\right)^2}$$

各量均取平均值，则

$$E_Y = \frac{\Delta_Y}{\overline{Y}} = \sqrt{\left(\frac{1}{\overline{F}}\Delta_F\right)^2 + \left(\frac{1}{\overline{L}}\Delta_L\right)^2 + \left(\frac{1}{\overline{B}}\Delta_B\right)^2 + \left(\frac{1}{\overline{D}}2\Delta_D\right)^2 + \left(\frac{1}{\overline{b}}\Delta_b\right)^2 + \left(\frac{1}{\overline{\Delta n}}\Delta_{\Delta n}\right)^2}$$

$$= \sqrt{(E_F)^2 + (E_L)^2 + (E_B)^2 + (2E_D)^2 + (E_b)^2 + \left(\frac{\Delta_{\Delta n}}{\Delta n}\right)^2}$$

代入表中及题干中所给数据进行计算后得

$$E_Y = 1.2\%$$

$$\Delta_Y = E_Y \times \overline{Y} = 0.023\,76 \times 10^{11} \text{ N/m}$$

保留一位有效数字,故取

$$\Delta_Y = 0.02 \times 10^{11} \text{ N/m}^2$$

因此

$$Y = \overline{Y} \pm \Delta_Y = (1.98 \pm 0.02) \times 10^{11} \text{ N/m}^2$$

所有运算结果的有效数字位数均应由不确定度来决定,就是简单的四则混合运算也应遵循这一原则。

第五节　数据处理方法

实验必然要采集大量数据,实验人员需要对实验数据进行记录、整理、计算与分析,从而寻找出测量对象的内在规律,正确地给出实验结果。因此说,数据处理是实验工作不可缺少的一部分。下面介绍实验数据处理常用的四种方法。

一、列表法

对一个物理量进行多次测量,或者测量几个量之间的函数关系,往往借助于列表法把实验数据列成表格。它的好处是,使大量数据表达清晰醒目,条理化,易于检查数据和发现问题,避免差错,同时有助于反映出物理量之间的对应关系。列表格没有统一的格式,但在设计表格时要求能充分反映上述特点,因此要注意以下各点。

(1) 各栏目均应标明名称和单位。

(2) 列入表中的主要应是原始数据,计算过程中的一些中间结果和最后结果也可列入表中,但应写出计算公式,从表格中要尽量使人看到数据处理的方法和思路,而不能把列表变成简单的数据堆积。

(3) 栏目的顺序应充分注意数据间的联系和计算顺序,力求简明、齐全、有条理。

(4) 反映测量值函数关系的数据表格,应按自变量由小到大或由大到小的顺序排列。

二、图解法

图线能够明显地表示出实验数据间的关系,并且通过它可以找出两个物理量之间的数学关系式,所以图解法是实验数据处理的重要方法之一,它在科学技术上很有用处。用图解法处理数据,首先要画出合乎规范的图线,因此要注意下列几点。

1. 作图纸的选择

作图纸有直角坐标纸(即毫米方格纸)、对数坐标纸、半对数坐标纸和极坐标纸等几种,根据作图需要进行选择,在物理实验中比较常用的是毫米方格纸(每厘米为一大格,其中又分成10小格)。由于图线中直线最易画,而且直线方程的2个参数——斜率和截距也较易算得,所以对于2个变量之间的函数关系是非线性的情况,如果它们之间的函数关系是已知的或者准备用某种关系式去拟合曲线时,尽可能通过变量变换将非线性的函数曲线转变为线性函数的直线。常见的几种变换方法有如下几种。

（1）$PV=C$（C 为常数），令 $u=\dfrac{1}{V}$，则 $P=Cu$，可见 P 与 u 为线性关系。

（2）$T=2\pi\sqrt{\dfrac{l}{g}}$，令 $y=T^2$，则 $y=4\pi^2\dfrac{l}{g}$，y 与 l 为线性关系，斜率为 $\dfrac{4\pi^2}{g}$。

（3）$y=ax^b$，a 和 b 为常数。等式两边取对数，得 $\lg y=\lg a+b\lg x$，于是，$\lg y$ 与 $\lg x$ 为线性关系，b 为斜率，$\lg a$ 为截距。

2. 坐标比例的选取与标度

作图时通常以自变量为横坐标（x 轴），以因变量为纵坐标（y 轴），并标明坐标轴所代表的物理量（或相应的符号）及单位。坐标比例的选取，原则上做到数据中的可靠数字在图上应是可靠的。若坐标比例选得过小会损害数据的准确度；若过大会夸大数据的准确度，并且使点过于分散，对确定图的位置造成困难。对于直线，其倾斜度最好在 $40°\sim60°$ 之间，以免图线偏于一方。坐标比例的选取应以便于读数为原则，常用比例为 $1:1,1:2,1:5$（包括 $1:0.1,1:10,\cdots$），切勿采用复杂的比例关系，如 $1:3,1:7,1:9,1:11,1:13$ 等。这样不但绘图不便，而且易出差错和读数也困难。纵横坐标的比例可以不同，而且标度也不一定从零开始。可以用小于实验数据最小值的某一数作为坐标轴的起始点，用大于实验数据最高值的某一数作为终点，这样图纸就能被充分利用。坐标轴上每隔一定间距（如 $2\sim5$ cm）应均匀地标出分度值，标记所用的有效数字位数应与实验数据的有效数字位数相同。

3. 数据点的标出

实验数据点用"＋"符号标出，符号的交点正是数据点的位置。同一图纸上如有几条实验曲线，各条曲线的数据点可用不同的符号（如 $\times,\oplus,\otimes$ 等）标出，以示区别。

4. 曲线的描绘

由实验数据点描绘出平滑的实验曲线，连线要用透明直尺或三角板、曲线板等连接，要尽可能使所描绘的曲线通过较多的测量点。对那些严重偏离曲线的个别点，应检查标点是否错误，若没有错误，在连线时可舍去不予考虑。其他不在图线上的点，应均匀分布在曲线的两旁。对于仪器仪表的校正曲线和定标曲线，连接时应将相邻的两点连成直线，整个曲线呈折线形状。

5. 注释和说明

在图纸上要写明图线的名称、作图者姓名、日期以及必要的简单说明（如实验条件、温度、压力等）。直线图解首先是求出斜率和截距，进而得出完整的线性方程。其步骤如下。

（1）选点。用两点法，因为直线不一定通过原点，所以不能采用一点法。在直线上取相距较远的两点 $A(x_1,y_1)$ 和 $B(x_2,y_2)$（此两点不一定是实验数据点），用与实验数据点不同的记号表示，在记号旁注明其坐标值。如果所选两点相距过近，计算斜率时会减少有效数字的位数。不能在实验数据范围以外选点，因为它已无实验依据。

（2）求斜率。直线方程为 $y=a+bx$，将 A 和 B 两点坐标值代入，便可计算出斜率，即 $b=\dfrac{x_2-y_1}{x_2-x_1}$。

（3）求截距。若坐标起点为零，则可将直线用虚线延长得到与纵坐标轴的交点，便可求出截距。若起点不为零，则可用下式计算截距 $a=\dfrac{x_2y_1-x_1y_2}{x_2-x_1}$。

下面介绍用图解法求两个物理量线性的关系,并用直角坐标纸作图验证欧姆定律。给定电阻为 $R=500\ \Omega$,所得数据见表 0-1 和图 0-4。

表 0-1 验证欧姆定律数据表

次数	1	2	3	4	5	6	7	8	9	10
U/V	1.00	2.00	3.00	4.00	5.00	6.00	7.00	8.00	9.00	10.00
I/mA	2.12	4.10	6.05	7.85	9.70	11.83	13.78	16.02	17.86	19.94

求直线斜率和截距而得出经验公式时,应注意以下两点。第一,计算点只能从直线上取,不能选用实验点的数据。从图 0-4 不难看出,如用实验点 a,b 来计算斜率,所得结果必然小于直线的斜率。第二,在直线上选取计算点时,应尽量从直线两端取,不应选用两个靠得很近的点。图 0-4 中如选 c,d 两点,则因 c,d 靠得很近,(I_c-I_d) 及 (U_c-U_d) 的有效数字位数会比实测得的数据少很多,这样会使斜率 k 的计算结果不精确。因此必须用直线两端的 A,B 两点来计算,以保证较多的有效位数和尽可能高的精确度。计算公式为

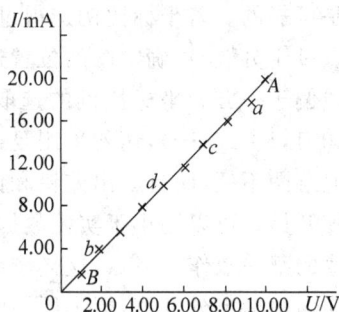

图 0-4 电流与电压关系

$$k=\frac{I_A-I_B}{U_A-U_B}=\frac{(19.94-2.12)\ \mathrm{mA}}{(10.00-1.00)\ \mathrm{V}}$$

$$=\frac{17.82\ \mathrm{mA}}{9.00\ \mathrm{V}}=1.98\times10^{-3}\ \Omega^{-1}$$

不难看出,将 U_A-U_B 取为整数值可使斜率的计算方便得多。

三、逐差法

在两个变量间存在多项式函数关系,且自变量为等差级数变化的情况下,用逐差法处理数据,既能充分利用实验数据,又具有减小误差的效果。具体做法是将测量得到的偶数组数据分成前后两组,将对应项分别相减,然后再求平均值。下面举例说明。

在拉伸法测量钢丝的杨氏弹性模量实验中,已知望远镜中标尺读数 x 和加砝码质量 m 之间满足线性关系 $m=kx$(见表 0-2),式中 k 为比例常数,现要求计算 k 的数值。

表 0-2 拉伸法测量钢丝的杨氏弹性模量实验部分数据

次数	1	2	3	4	5	6	7	8	9	10
m/kg	0.500	1.000	1.500	2.000	2.500	3.000	3.500	4.000	4.500	5.000
x/cm	15.95	16.55	17.18	17.80	18.40	19.02	19.63	20.22	20.84	21.47

如果用逐项相减,然后再计算每增加 0.500 kg 砝码标尺读数变化的平均值 $\overline{\Delta x_i}$,即

$$\overline{\Delta x_i}=\frac{\sum\limits_{i=1}^{n}\Delta x_i}{n}=\frac{(x_2-x_1)+(x_3-x_2)+\cdots+(x_{10}-x_9)}{9}$$

$$=\frac{x_{10}-x_1}{9}=\frac{21.47-15.95}{9}=0.613(\mathrm{cm})$$

于是比例系数

$$k = \frac{\overline{\Delta x_i}}{\Delta m} = 1.23 \text{ cm/kg} = 1.23 \times 10^{-2} \text{ m/kg}$$

这样中间测量值 $x_9, x_8, \cdots, x_2$ 全部未用,仅用到了始末两次测量值 x_{10} 和 x_1,它与一次增加 9 个砝码的单次测量等价。若改用多项间隔逐差,即将上述数据分成后组($x_{10}, x_9, x_8, x_7, x_6$)和前组($x_5, x_4, x_3, x_2, x_1$),然后对应项相减求平均值,即

$$\overline{\Delta x_5} = \frac{(x_{10} - x_5) + (x_9 - x_4) + (x_8 - x_3) + (x_7 - x_2) + (x_6 - x_1)}{5}$$

$$= \frac{1}{5}[(21.47 - 18.40) + (20.84 - 17.80) + (20.22 - 17.18)$$

$$+ (19.63 - 16.55) + (19.02 - 15.95)]$$

$$= \frac{1}{5}(3.07 + 3.04 + 3.04 + 3.08 + 3.07) = 3.06(\text{cm})$$

于是,

$$k = \frac{\overline{\Delta x_5}}{5m} = \frac{3.06}{5 \times 0.500} = 1.22(\text{cm/kg}) = 1.22 \times 10^{-2}(\text{m/kg})$$

Δx_5 是每增加 5 个砝码,标尺读数变化的平均值。这样全部数据都用上,相当于重复测量了 5 次。应该说,这个计算结果比前面的计算结果要准确些,它保持了多次测量的优点,减少了测量误差。

第六节　计算机技术在物理实验数据处理中的应用

在现行的大学物理实验中,相当一部分实验数据的处理仍利用手工制表、作图等方法对实验数据进行处理,不仅耗费了学生大量的时间和精力,同时还存着在计算精度不高、手工作图误差较大等弊端。与单纯利用传统的手段进行实验数据处理相比,借助计算机来处理数具有很多优点,如速度快、精度高、直观性强,既可以减少繁琐的计算,又能提高学生应用计算机的能力。因此在教学过程中,有意识地引导学生利用计算机来处理数据不仅是必要的,更是可行的。

计算机技术在物理实验数据处理中的应用,主要包括采用计算机对测得的数据进行分析、计算、作图等处理方法以得出实验数据处理结果,目前使用比较多的软件有 Excel 软件、Matlab 软件、Origin 软件等。

Excel 软件功能强大,易学易用,无需编程,对大学一年级的学生来说,稍加介绍即能掌握。但它对图线的拟合,仅限于直线,对曲线的拟合则误差较大。Matlab 软件在实验中应用最为广泛,它的功能全面,数据处理精确,绘制的图形可从不同角度观看,曲线拟合不受限制。但部分功能的使用需要编程,这就限制了一部分计算机基础差的学生对该软件的使用。Origin 软件的功能也较为强大,可以拟合曲线,剔除粗差,寻求经验公式,较少用于图像的仿真和图像的再现,且对计算机相关知识的要求相对较高,学生不易掌握。对计算机软件的使用也要根据学生的实际情况因材施教,循序渐进,不能一味地追求手段而忽略效果。

用 Excel 中的数据计算功能来进行常见的数据处理,如计算平均值、方差、进行直线拟合、求解简单方程即方便又快速。Excel 是一个通用的软件,和 Windows 的兼容性不成问

题,无需编程即可随时根据数据输入情况更新计算结果,因此用 Excel 可起到事半功倍的效果。下面以 Excel 软件为主,对它在大学物理实验数据处理中的具体应用作一些简单的说明。

1. Excel 软件在误差计算中的应用举例

学生在计算机基础课程中已经学习过 Excel 软件,Excel 软件作为一种电子表格,具有功能强大的数据处理能力。而物理实验中通过 Excel 软件可以很方便地进行相关计算。例如在《牛顿环——光的等厚干涉之一》实验中,记录数据的表格如下。

在该实验的数据处理中,牛顿环曲率半径求法有两种,方法一:在 D5 单元格(图 0-5)中直接输入"=B5-H5"后回车,方法二:在 D5 单元格中直接输入"="后,用鼠标左键单击 B5,再输入"一",用鼠标左键单击 C5,回车或鼠标左键单击编辑栏输入符号"√"即可,如图 0-6 所示。

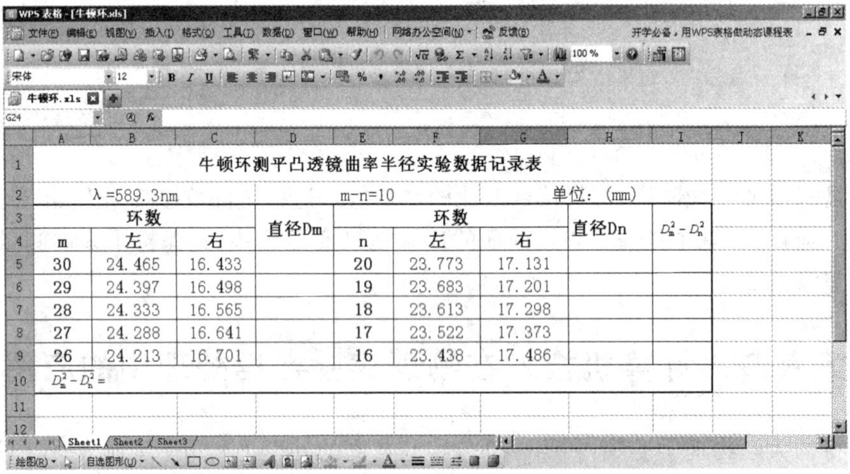

图   0-5

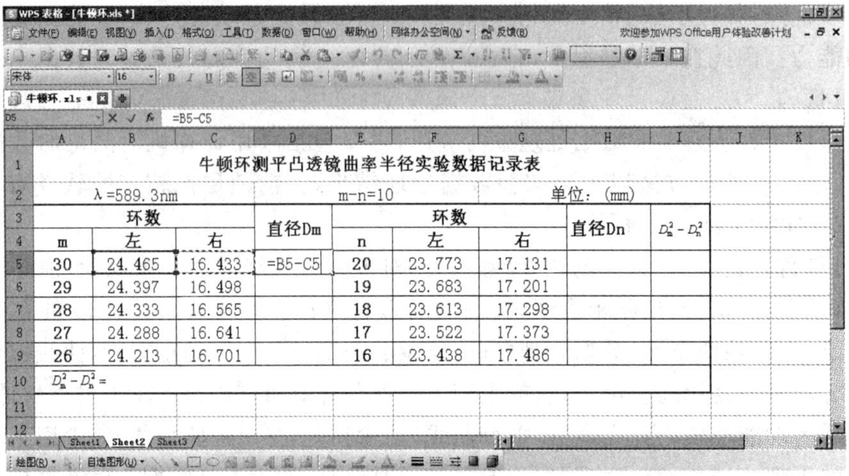

图   0-6

鼠标左键放在 D5 单元格右下角出现"+"时,按住左键竖直下拉到 D9 单元格,然后松开左键,D5,D6,D7,D8,D9 单元格中的直径就自动算出来,如图 0-7 所示。

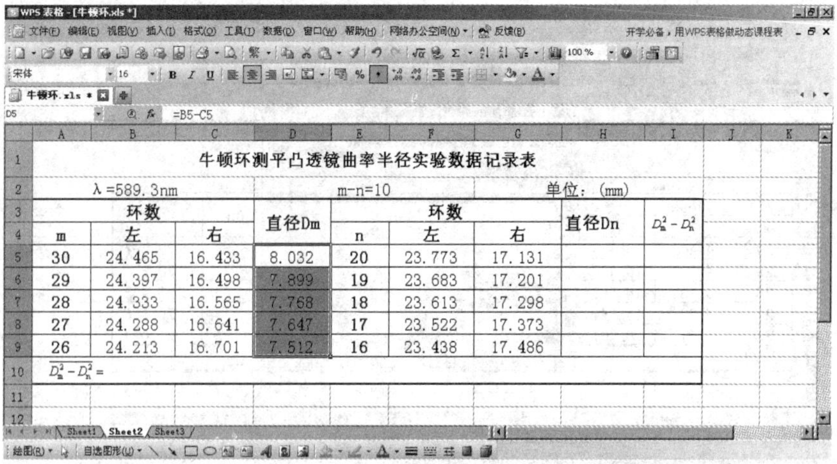

牛顿环测平凸透镜曲率半径实验数据记录表								
λ=589.3nm				m-n=10			单位：(mm)	
环数			直径Dm		环数		直径Dn	$D_m^2-D_n^2$
m	左	右		n	左	右		
30	24.465	16.433	8.032	20	23.773	17.131		
29	24.397	16.498	7.899	19	23.683	17.201		
28	24.333	16.565	7.768	18	23.613	17.298		
27	24.288	16.641	7.647	17	23.522	17.373		
26	24.213	16.701	7.512	16	23.438	17.486		
$\overline{D_m^2-D_n^2}=$								

图　0-7

在 I5 单元格中编辑公式“＝D5＊D5－H5＊H5”后回车，即可算出该值，鼠标左键放在 I5 单元格右下角出现“＋”时，按住左键竖直下拉到 I9 单元格，然后松开左键，I5～I9 单元格中的数值就自动算出来，如图 0-8 所示。

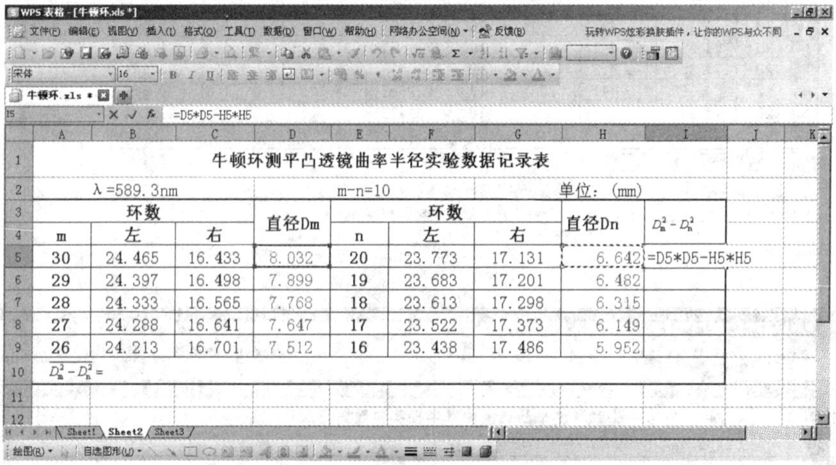

牛顿环测平凸透镜曲率半径实验数据记录表								
λ=589.3nm				m-n=10			单位：(mm)	
环数			直径Dm		环数		直径Dn	$D_m^2-D_n^2$
m	左	右		n	左	右		
30	24.465	16.433	8.032	20	23.773	17.131	6.642	=D5*D5-H5*H5
29	24.397	16.498	7.899	19	23.683	17.201	6.482	
28	24.333	16.565	7.768	18	23.613	17.298	6.315	
27	24.288	16.641	7.647	17	23.522	17.373	6.149	
26	24.213	16.701	7.512	16	23.438	17.486	5.952	
$\overline{D_m^2-D_n^2}=$								

图　0-8

在 A1 单元格中求平均值有方法一：在 A1 单元格中直接输入“＝AVERAGE(I5：I9)”后回车，方法二：鼠标左键单击 A1 单元格，在编辑栏中再鼠标左键单击插入函数“f_x”，在弹出的对话框中选中“AVERAGE”函数后，再鼠标左键单击“确定”或回车，鼠标左键选中 I5～I9 五个单元格，回车或鼠标左键单击编辑栏输入符号“√”即可，如图 0-9 所示。

除计算平均值之外，常用到求测量值的标准偏差，鼠标左键单击插入函数“f_x”，在弹出的对话框中选中“STDEV”函数后，再鼠标左键单击“确定”或回车，鼠标左键选中所求数据所在单元格，回车或鼠标左键单击编辑栏输入符号“√”即可(图 0-10)。

在实验数据处理中经常使用的只有下列一些函数：

求和函数(SUM)、算术平均值函数(AVERAGE)、标准偏差函数(STDEV)、计数函数(COUNT、COUNTIF)、线性回归拟合方程的斜率函数(SLOPE)、线性回归拟合方程的截

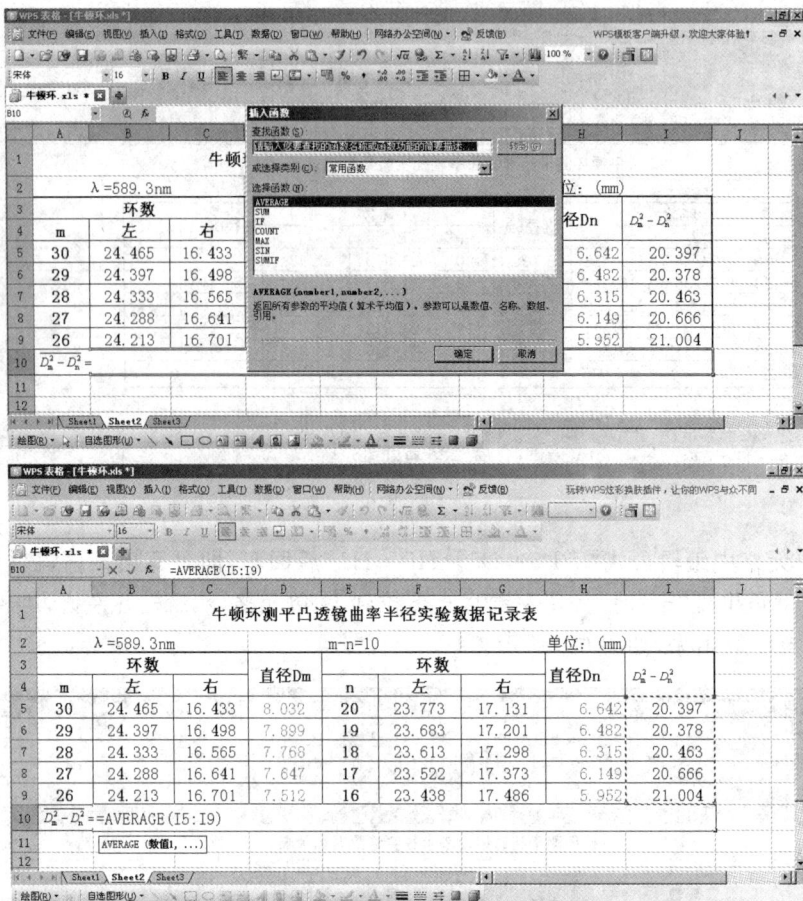

图　0-9

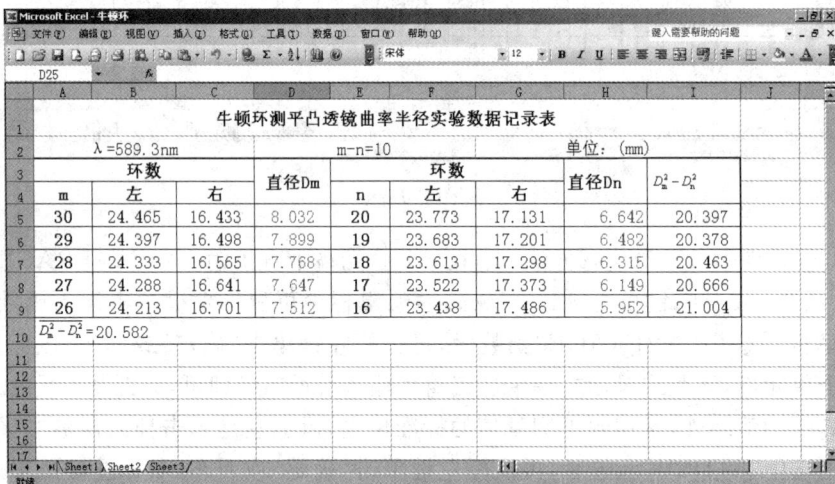

图　0-10

距函数(INTERCEPT)、截性回归拟合方程的预测值函数(FORECAST)、相关系数函数(COR2REL)、t 分布函数(TINV)、最大值函数(MAX)、最小值函数(MIN)、近似函数

（ROUND、ROUNDDOWN、ROUNDUP、INT）和一些数学函数（SIN、COS、TAN、LN、LOG10、EXP、P1、SQRT、POWER）等。

2. Excel 软件在图解法中的应用举例

Excel 软件的图表向导功能也很强大，在处理物理实验数据中经常使用的柱形图和XY 散点图非常容易产生。还可以在 XY 散点图上进行回归分析，得到线性回归拟合方程和相关系数的平方。这使得用图示法和图解法处理实验数据变得很方便，把一些复杂的计算变得十分简单明了。比如在用伏安法测线性电阻的伏安特性曲线实验中，数据处理可以采用图解法如下。

步骤一：建立 Excel 数据表，单击工具栏中插入"图表向导"选项，则出现图表向导对话框（图 0-11）。

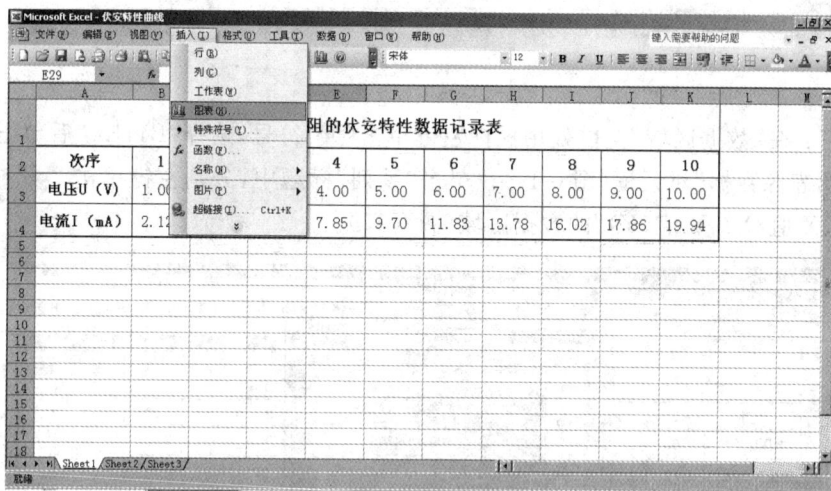

图　0-11

步骤二：在"图表类型"窗口中选择第五种，即"XY 散点图"，在"子图表类型"中选择左下角的"折线散点图"（图 0-12）。单击"下一步"按钮，弹出图表源数据对话框（图 0-13）。

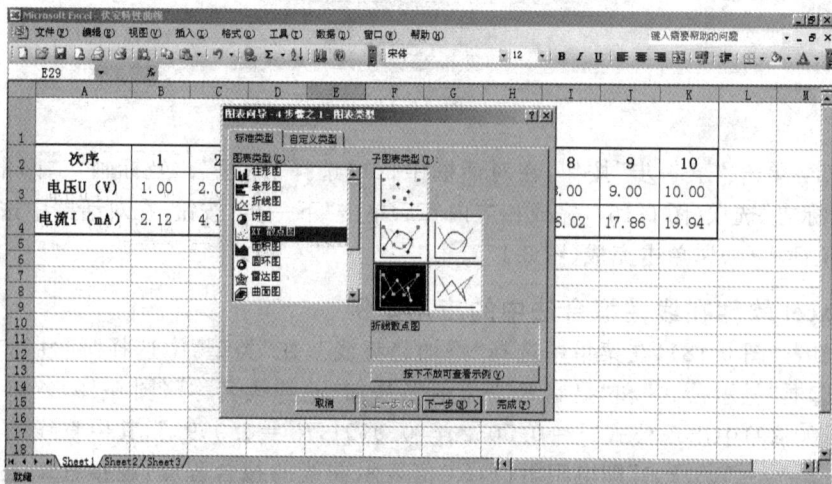

图　0-12

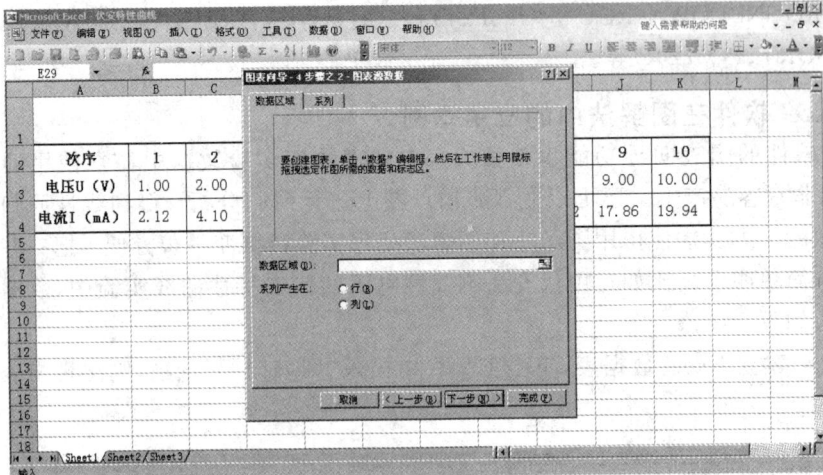

图　0-13

步骤三：在"数据区域"空白处用鼠标左键单击"■"符号，选择"B4：K4"后单击"■"符号，出现"图表源数据"对话框(图0-14)。单击"系列"标题中，分别左键单击"■"符号，选择"名称(N)、X值(X)、Y值(Y)"的数据区域(图0-15)。

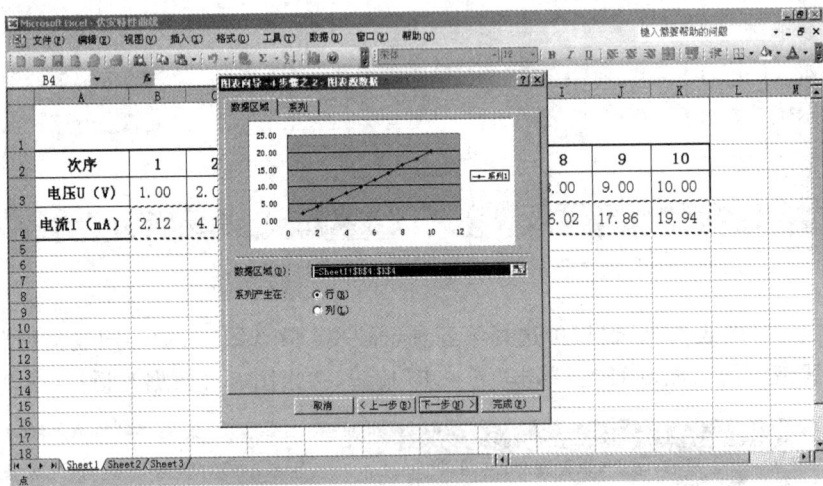

图　0-14

步骤四：单击"下一步"按钮，在对话框中依次选择"标题"、"坐标轴"、"网格线"、"图例"、"数据标志"选项(图0-16)，完成相应内容后单击"下一步"按钮，在对话框中选择"作为其中的对象插入(0)"，单击完成(图0-17)。

3. Excel 软件在线性拟合法中的应用举例

选中图表(图0-18)，在菜单中选择"添加趋势线"，在"类型"中选择"线性"，在"选项"中选中复选框"显示公式"和"显示 R 平方值"，添加"趋势线名称"(图0-19)。单击"确定"按钮，在图(0-20)中出现公式"$y=0.5052x-0.0191, R^2=0.9995$"，其中直线的斜率"$k=0.5052(\text{V/mA})=505.2\ \Omega$"即电阻阻值，$R^2$ 值表示曲线的拟合程度，越接近 1 表示拟合度越高，实验数据越理想。

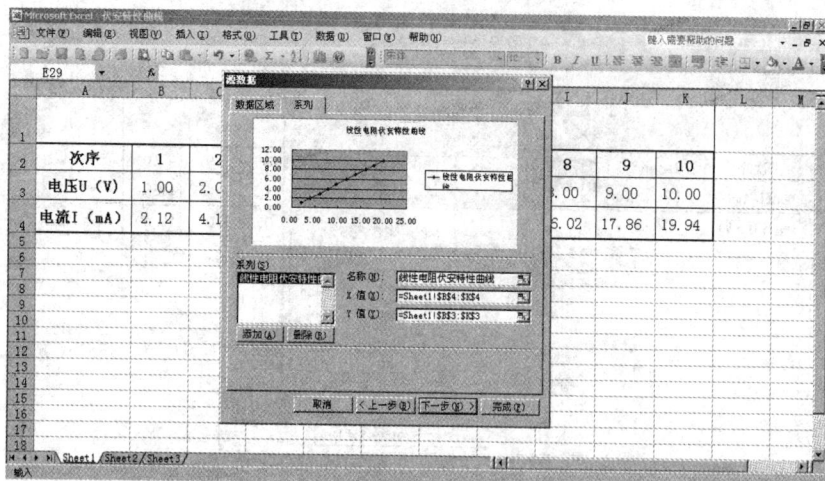

图　0-15

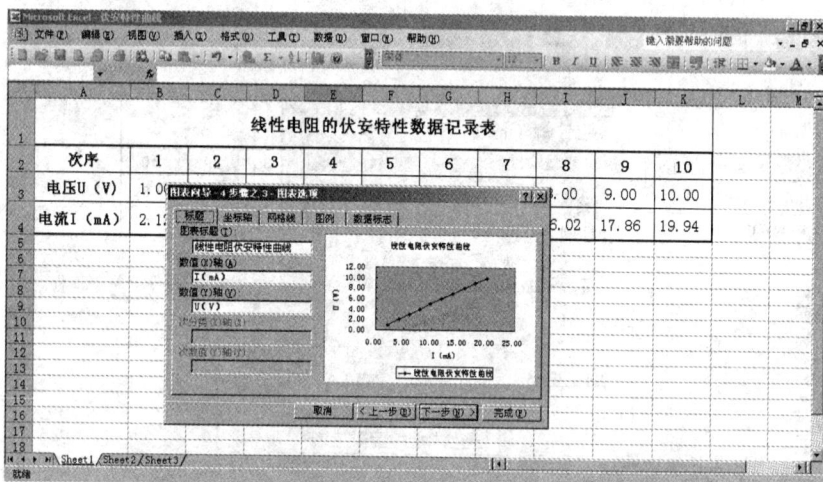

图　0-16

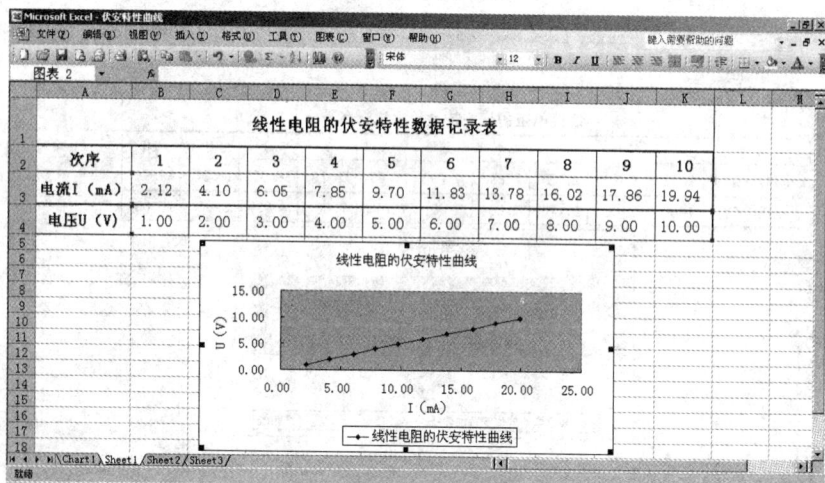

图　0-17

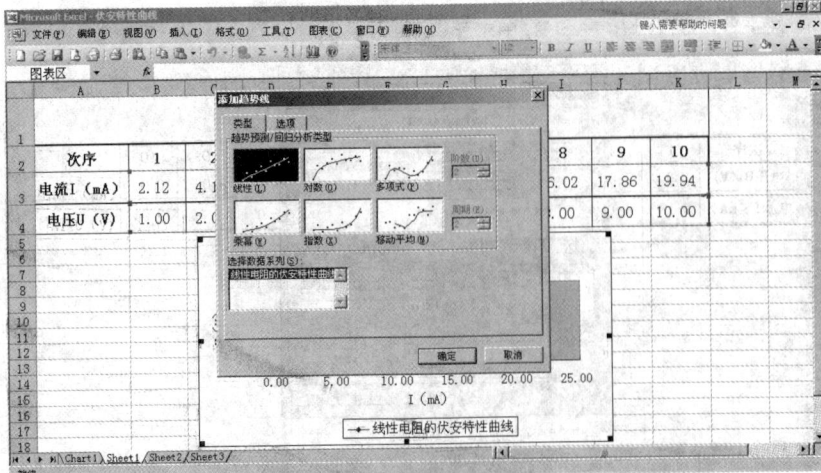

图　0-18

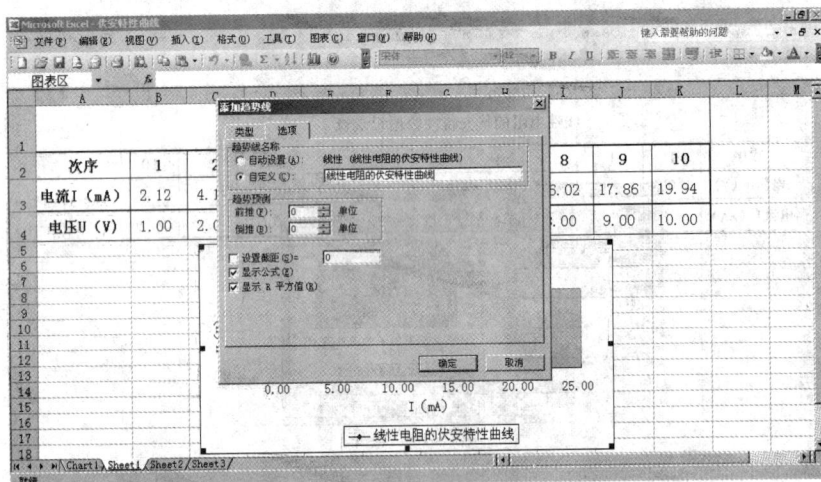

图　0-19

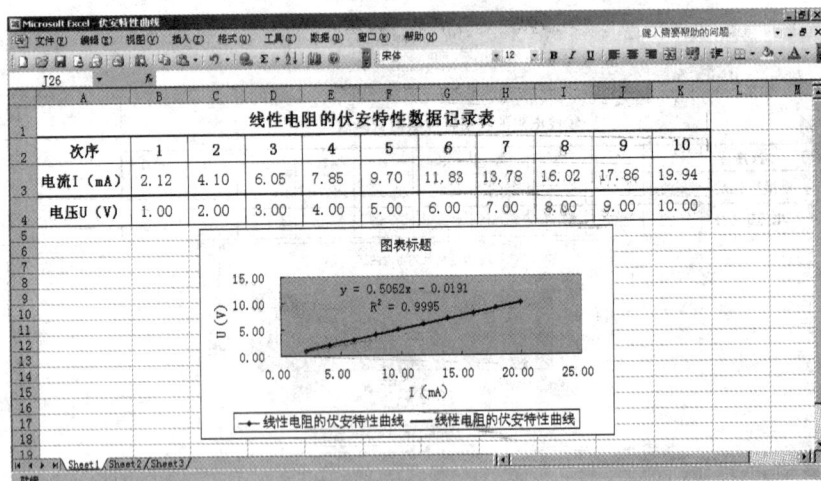

图　0-20

使用 Excel 处理物理实验数据,充分利用现代工具使数据处理变得简单方便,而又不失对数据处理、误差分析方法的了解与掌握。

练　习　题

1. 改正下列错误,写出正确答案:

(1) $R=3871$ km $=3\ 871\ 000$ m $=387\ 100\ 000$ cm;

(2) $P=(31\ 690\pm200)$kg;

(3) $d=(12.439\pm0.2)$cm;

(4) $r=(10.4286\pm0.4319)$cm;

(5) $h=(48.3\times10^4\pm200)$kg;

(6) 最小分度值为分$(')$的测角仪测得角度 θ 刚好为 $60°$ 整,测量结果表示为 $\theta=60°\pm2'$。

2. 在《拉伸法测弹性模量》实验中,获得如下数据,请完成表格的计算(要写出详细计算过程)。

次数 被测量	1	2	3	4	5	$\bar{x}$	S_x	$\Delta_{x仪}$	Δ_x	$x=\bar{x}\pm\Delta x$	$E_x=\dfrac{\Delta x}{\bar{x}}$
L/cm	86.75	86.70	86.72	86.80	86.75			0.05			
B/m	1.8520	1.8500	1.8498	1.8510	1.8500			5×10^{-4}			
D/mm	0.868	0.864	0.853	0.848	0.848			0.004			
b/cm						6.75	—	0.05			

3. 在《声速测量》实验中,我们利用相位法测量超声波在空气中的传播速度。在实验中,需要记录李萨如图呈现一条斜线的各个位置 $x_0,x_1,\cdots,x_9$,相邻位置的距离即为超声波的半波长,在实验中得到如下表所示的数据,请用逐差法计算出波长的最佳值。若已知超声波的频率为 36.7 kHz,试计算出此超声波在空气中传播的速度($v=f\lambda$)。

位　　置	x_0	x_1	x_2	x_3	x_4	x_5	x_6	x_7	x_8	x_9
	\	/	\	/	\	/	\	/	\	/
标尺读数/mm	16.195	20.020	24.085	29.815	34.555	39.300	44.050	48.820	53.510	58.205

实验一

拉伸法测杨氏模量

杨氏模量是描述固体材料抵抗形变能力的物理量，它是沿纵向的弹性模量，也是材料力学中的一个名词，1807 年因英国医生兼物理学家托马斯·杨所得到的结果而命名。根据胡克定律，在物体的弹性限度内，应力与应变成正比，其比值称为材料的**杨氏模量**。它是表征材料性质的一个物理量，仅取决于材料本身的物理性质。杨氏模量的大小标志了材料的刚性，杨氏模量越大，越不容易发生形变。

杨氏模量是选定机械零件材料的依据之一，是工程技术设计中常用的参数。杨氏模量的测定对研究金属材料、光纤材料、半导体、纳米材料、聚合物、陶瓷、橡胶等各种材料的力学性质有着重要意义，还可用于机械零部件设计、生物力学、地质等领域。

测量杨氏模量的方法一般有拉伸法、梁弯曲法、振动法、内耗法等，还出现了利用光纤位移传感器、莫尔条纹、电涡流传感器和波动传递技术(微波或超声波)等实验技术和方法测量杨氏模量。本实验用拉伸法测弹性模量，研究拉伸正应力与线应变之间的关系。

【实验目的】

1. 学习用拉伸法测量杨氏模量(Y)的方法；
2. 掌握"光杠杆"测量微小长度变化的原理；
3. 学习用逐差法进行数据处理。

【实验原理】

任何固体在外力作用下都要发生形变，最简单的形变就是物体受外力拉伸(或压缩)时发生的伸长(或缩短)形变。本实验研究的是棒状物体弹性形变中的伸长形变。

设金属丝的长度为 L，截面积为 S，一端固定，另一端在沿轴线方向上受力为 F，并伸长 ΔL，如图 1-1 所示。比值 $\Delta L/L$ 是物体的相对伸长，叫**应变**，F/S 是物体单位面积上的作用力，叫**应力**。

根据胡克定律，在物体的弹性限度内，物体的应力与应变成正比，即

$$\frac{F}{S} = Y \frac{\Delta L}{L}$$

则有

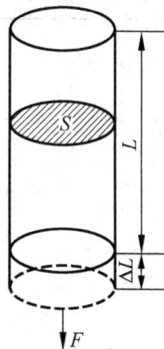

图 1-1　应变与应力

$$Y = \frac{FL}{S\Delta L} \tag{1-1}$$

(1-1)式中的比例系数 Y 称为杨氏模量,工程中常用的单位为 N/m^2 或 Pa,一般金属材料的杨氏模量均能达到 $10^{11} N/m^2$ 的数量级。

实验证明:杨氏模量 Y 与外力 F、物体长度 L 以及截面积 S 的大小均无关,而只取决定于物体材料本身的性质。它是表征固体性质的一个物理量。

本实验是测定某一种型号钢丝的弹性模量,根据(1-1)式,其中 F,S,L 都可用常规的测量方法测量。

本实验测定 Y 的核心问题是如何测量 ΔL。实际上 ΔL 是一个微小的长度变化量,经估算 ΔL 的大小约为 $0.1\,mm$。并且,这是一个随着钩码上砝码数量增加而增加的微小伸长量,用一般量具难以测准。本实验采用光杠杆法对这个长度微小变化量进行非接触式的测量,操作简单,又能大幅度提高测量的精确度。所用实验仪器如图 1-2 所示。

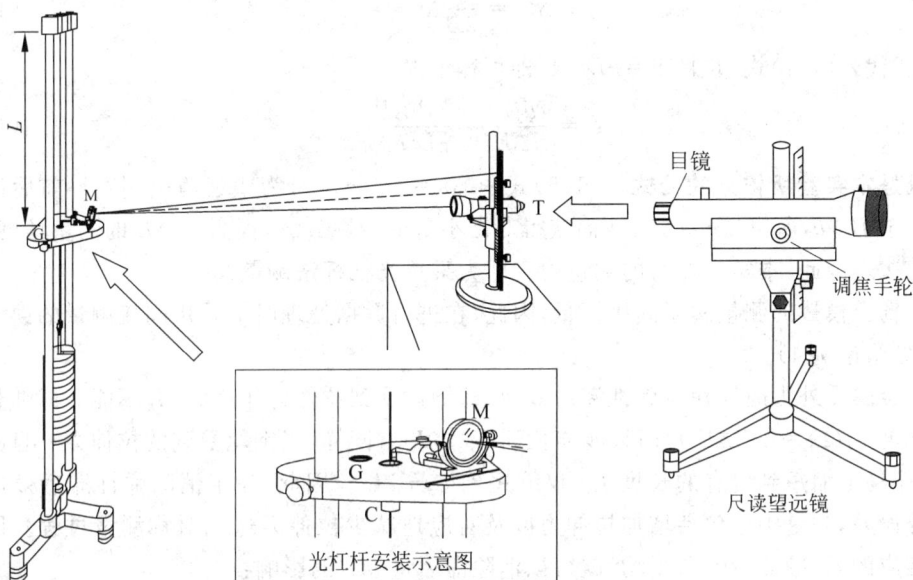

图 1-2　杨氏模量测定仪和光杠杆-尺读望远镜装置示意图

图 1-3 所示为测微小长度变化量的光杠杆放大原理图。左侧曲尺状物为光杠杆镜 M,O 端为光杠杆的前脚,b 为光杠杆前脚与后脚的距离,后脚则随被测钢丝的伸长、缩短而下降、上升,从而改变了光杠杆镜法线的方向。钢丝原长为 L 时,位于图右侧的望远镜从光杠杆镜中看到的读数为 n_1;而钢丝受力伸长后光杠杆镜的位置变为虚线所示,此时望远镜上的读数则为 n_2。这样,钢丝的微小伸长量 ΔL,对应有光杠杆的角度变化量 θ,而对应的读数变化则为 $\Delta n = |n_2 - n_1|$。从图 1-3 中可见

$$\theta \approx \frac{\Delta L}{b} \tag{1-2}$$

$$2\theta \approx \frac{|n_2 - n_1|}{B} = \frac{\Delta n}{B} \tag{1-3}$$

将(1-2)式和(1-3)式联立后得

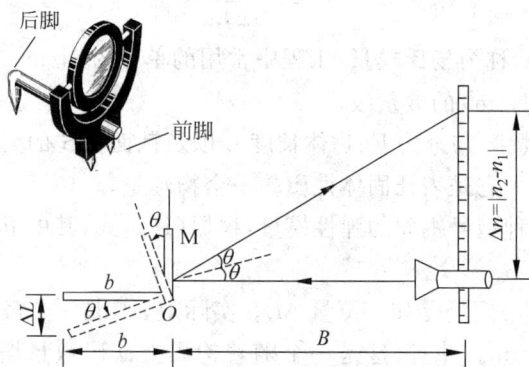

图 1-3　光杠杆放大原理图

$$\Delta L = \frac{b}{2B}\Delta n \tag{1-4}$$

将(1-4)式代入(1-1)式,并且 $S = \pi D^2/4$,即可得下式

$$Y = \frac{FL}{S\Delta L} = \frac{8FLB}{\pi D^2 b \Delta n} \tag{1-5}$$

这就是本实验所依据的公式。(1-5)式中 $\Delta n = |n_2 - n_1|$,为望远镜中刻度尺前后读数之差。由于 $B \gg b$,所以 $\Delta n \gg \Delta L$,从而获得对微小量的线性放大,提高了 ΔL 的测量精度,这称为放大法。因此,本实验核心的测量内容即为**采用光杠杆法测量 Δn**。

由于杨氏模量的测量属于间接测量,因此,在进行数据处理时应采用间接测量的误差处理方法(见绪论例 4)。

鉴于金属受外力时存在着弹性滞后效应,即钢丝受到拉伸力作用时,并不能立即伸长到应有的长度 $L_i(L_i = L + \Delta L_i)$,而只能伸长到 $L_i - \delta L_i$。同样,当钢丝受到的拉伸力一旦减小时,也不能马上缩短到应有的长度 L_i,仅缩短到 $L_i + \delta L_i$。因此,为了消除弹性滞后效应引起的系统误差,测量中应包括增加拉伸力以及对应地减少拉伸力这一对称测量过程。因为只要将相应的增、减测量值取平均,就可以消除滞后量 δL_i 的影响:

$$\overline{L_i} = \frac{1}{2}(L_增 + L_减) = \frac{1}{2}\big[(L + \Delta L_i - \delta L_i) + (L + \Delta L_i + \delta L_i)\big] = L + \Delta L_i$$

【实验仪器】

杨氏模量测定仪(图 1-2)、光杠杆-尺读望远镜、螺旋测微器、钢卷尺等,砝码(1 kg 若干)。

【注意事项】

1. 平面镜上有灰尘、污迹时,用擦镜纸擦去,切勿用手指、粗布擦,以免镜面起毛,影响观察和读数的准确。

2. 调试仪器时,切记要用手托住移动部分,然后旋松锁紧手轮,以免相互撞击。

3. 各手轮及可动部分如发生阻滞不灵现象时,应立即检查原因,切勿强扭,以防损坏仪器。

4. 钢丝的两端一定要夹紧,一方面减小系统误差,另一方面避免砝码加重后拉脱而砸坏实验装置。在测量伸长变化的整个过程中,**不能碰动望远镜及其安放的桌子,否则重新开始测读**。被测钢丝一定要保持铅直,以免将钢丝拉直的过程误测为伸长量,导致测量结果谬误。

5. 在加减砝码时动作要轻慢,等钢丝不晃动并且稳定之后再进行测量。

【实验内容与步骤】

1. 仪器的调整

(1) 为了使金属丝处于铅直位置,调节杨氏模量测定仪地脚螺丝,使两支柱铅直。

(2) 在钩码上先挂上 1 kg 砝码使金属丝拉直(**此砝码不计入所加作用力 F 之内**)。

(3) 将光杠杆镜放在中托板上,两前脚放在中托板横槽内,后脚放在固定钢丝下端夹套组件的圆柱形套管上,并使光杠杆镜面基本铅直或稍有俯角。

2. 尺读望远镜装置及光杠杆镜的调节

这个步骤是本实验最关键也是难度最大的一个步骤,所以,同学们一定要在理解了实验光路图的基础上,严格遵循以下步骤进行调节。

(1) 调节望远镜目镜,要求能看清十字叉丝。这个步骤可通过旋转目镜来实现。

(2) 将尺读望远镜置于距光杠杆镜两米左右处,并与镜面基本等高,镜面应基本铅直。

(3) 将望远镜瞄准光杠杆镜 M 并合理调整光杠杆镜,确保能从望远镜上方用肉眼可以在光杠杆镜内看到刻度尺。

望远镜的上方有一个瞄准装置,移动尺读望远镜装置,务必**通过瞄准**使望远镜对准光杠杆镜面的中心。因为我们要利用望远镜对刻度尺进行读数,因此只有二者严格对准,才有可能利用望远镜观察到刻度尺进行读数。如果望远镜确实已对准光杠杆镜,则**通过瞄准**从望远镜上方必能看到刻度尺;反之,则表明二者并未对准,必须重新进行调节。此时,调节重点应放在对光杠杆镜面的调节上,因为即使二者已经对准,但是如果光杠杆镜面放置不当(极端的,假如此时镜面指向教室的屋顶),那么我们是根本不可能在望远镜所在位置观测到刻度尺。

(4) 从望远镜目镜中进行观察,旋转望远镜镜筒右侧的调焦手轮,直至在望远镜中看到清晰的刻度尺为止。

此时应注意,就算前面步骤都已严格完成,此时仍不能确保观察到刻度尺。因为我们要用望远镜观察的是刻度尺,因此,这一步的关键是缓慢调整望远镜物距(即缓慢旋转调焦手轮),直到物距调到合适的值时,我们才能从望远镜内看到光杠杆镜面上清晰的刻度尺的像。

(5) 小心调节光杠杆镜面,尽量使刻度尺的"0"刻度在十字叉丝中心附近。(请同学们思考,这是为什么?)

注意:在后面的测量读数的整个过程中,不能碰动光杠杆镜、望远镜及其安放的桌子,否则就破坏了光杠杆放大倍数,需要重新开始调节。

3. 测量

(1) 每加上 1 kg 砝码,读取一次数据,依次得 $n_0, n_1, n_2, n_3, n_4, n_5, n_6, n_7$,这是增加拉力过程。紧接着再每次撤掉 1 kg 砝码,读取一次数据,得 $n_7', n_6', n_5', n_4', n_3', n_2', n_1', n_0'$,这是减力过程。**注意,进行完这个步骤之后,千万不要移动尺读望远镜装置。**

　　（2）用钢卷尺量出光杠镜镜面到望远镜刻度尺的距离 B。

　　（3）测量钢丝直径 D。用螺旋测微器在钢丝的不同部位测 5 次，取其平均值。

　　（4）用钢卷尺测量钢丝原长 L。

　　（5）测量光杠杆镜前后脚距离 b。把光杠镜的三只脚在白纸上压出凹痕，用尺画出两前脚的连线，再用钢板尺量出后脚到该直线的距离。

【实验结果与数据处理】

1. 记录钢丝伸长量并用逐差法处理数据。

表 1-1 钢丝伸长量数据记录与处理参考表

拉伸力 /N	标尺读数/10^{-2} m			$l_j = (\bar{n}_{i+4} - \bar{n}_i)/10^{-2}$ m	
	拉伸力增加时	拉伸力减少时	$\bar{n}_i = \dfrac{n_i + n_i'}{2}$		
9.80	n_0	n_0'	$\bar{n}_0$	$l_1 = (\bar{n}_4 - \bar{n}_0) =$	$S_l = \underline{\qquad} \times 10^{-2}$ m
19.60	n_1	n_1'	$\bar{n}_1$	$l_2 = (\bar{n}_5 - \bar{n}_1) =$	
29.40	n_2	n_2'	$\bar{n}_2$	$l_3 = (\bar{n}_6 - \bar{n}_2) =$	$\Delta_l = \sqrt{S_l^2 + 2\Delta_{仪}^2} = \underline{\qquad} \times 10^{-2}$ m
39.20	n_3	n_3'	$\bar{n}_3$	$l_4 = (\bar{n}_7 - \bar{n}_3) =$	
49.00	n_4	n_4'	$\bar{n}_4$	$\bar{l} = \dfrac{1}{4}\sum\limits_{i=1}^{4} l_i =$	$\dfrac{\Delta_{\Delta_n}}{\overline{\Delta n}} = \dfrac{\Delta_l}{\bar{l}} = \underline{\qquad}$ %
58.80	n_5	n_5'	$\bar{n}_5$		
68.60	n_6	n_6'	$\bar{n}_6$	$\overline{\Delta n} = \dfrac{\bar{l}}{4} =$	
78.40	n_7	n_7'	$\bar{n}_7$		

2. 记录与处理 B, D, L, b 的数据并求不确定度。

表 1-2 B, D, L, b 的测量数据记录与处理参考表(数据处理参考 P15 例 3、例 4)

次数 被测量	1	2	3	4	5	$\bar{x}$	S_x	$\Delta_{x仪}$	Δ_x	$x = \bar{x} \pm \Delta_x$	$E_x = \Delta_x / \bar{x}$ /%
B/m	—	—	—	—	—						
D/m											
L/m	—	—	—	—	—						
b/m	—	—	—	—	—						

3. 根据实验结果计算杨氏模量 Y 并求不确定度。

$$\bar{Y} = \frac{\bar{F} \cdot \bar{L}}{\bar{S} \cdot \overline{\Delta L}} = \frac{8 F \bar{L} \bar{B}}{\pi \bar{D}^2 \bar{b} \, \overline{\Delta n}} = \underline{\qquad} \text{ N/m}^2$$

当 $\bar{F} = 9.80$ N,$\dfrac{\Delta_F}{F} = 0.50\%$ 时,

$$E_Y = \frac{\Delta_Y}{\bar{Y}} = \sqrt{\left(\frac{\Delta_L}{\bar{L}}\right)^2 + \left(\frac{\Delta_B}{\bar{B}}\right)^2 + \left(2\frac{\Delta_D}{\bar{D}}\right)^2 + \left(\frac{\Delta_b}{\bar{b}}\right)^2 + \left(\frac{\Delta_{\Delta n}}{\overline{\Delta n}}\right)^2 + \left(\frac{\Delta_F}{\bar{F}}\right)^2} = \underline{\qquad} \%$$

$$\Delta_Y = E_Y \cdot \bar{Y} = \underline{\qquad} \text{ N/m}^2$$

$$Y = \bar{Y} \pm \Delta_Y = \underline{\qquad} \text{ N/m}^2$$

【思考题】

光杠杆镜利用了什么原理? 有什么优点?

【附　录】

1. 利用 Excel 软件对表格 1-1 进行数据处理的方法

（1）用表格法在 Excel 软件记录数据（图 1-4）。

F21									
	A	B	C	D	E	F	G	H	I	J	K
1					1. L、D、d、B的测量数据						
2		1	2	3	4	5	x平均值	Sx	△仪	△x	
3	L (m)										
4	B (m)										
5	D (m)										
6	b (m)	—									
7											

图　1-4

（2）求 L, D, d, B 的平均值。选中"G3"单元格后单击"f_x"函数，在弹出的对话框中选中"AVERAGE"函数后单击"确定"按钮。在弹出对话框中单击"▦"，选中"B3～F3"五个单元格，再单击"▦"、单击"确定"，在"f_x"右侧的编辑栏中出现"＝AVERAGE(B3:F3)"。鼠标放在 G3 单元格右下角单击出现"＋"标志后，按住鼠标左键下拉至"G5"单元格，即可求出 L, D, d, B 的平均值。

（3）求 L, D, d, B 的标准偏差 S_x。选中"H3"单元格后单击"f_x"函数，在弹出的对话框中选中"STDEV"函数后单击"确定"。在弹出对话框中单击"▦"，选中"B3～F3"五个单元格，再单击"▦"、单击"确定"，在"f_x"右侧的编辑栏中出现"＝STDEV(B3:F3)"。鼠标放在 H3 单元格右下角单击出现"＋"标志后，按住鼠标左键下拉至"H6"单元格，即可求出 L, D, d, B 的标准偏差。

（4）求 L, D, d, B 的不确定度 Δ_x。选中"J3"单元格后单击"f_x"函数，在弹出的对话框中选中"SQRT"函数后单击"确定"。或在"f_x"右侧的编辑栏中输入"＝SQRT(B3＊B3＋F3＊F3)"后回车。单击鼠标放在 J3 单元格右下角单击出现"＋"标志后，按住鼠标左键下拉至"J6"单元格，即可求出 L, D, d, B 的不确定度。

2. 表格 1-2 数据处理的方法

（1）用表格法在 Excel 软件记录数据（图 1-5）。

2	拉伸力(N)	拉伸力增加(cm)	拉伸力减少(cm)	平均值(cm)	逐差(i+4)-i	不确定度
3	9.80	n0	n0'		l1=	S1(cm)=
4	19.60	n1	n1'		l2=	△仪=
5	29.40	n2	n2'		l3=	
6	39.20	n3	n3'		l4=	△1=
7	49.00	n4	n4'			△δ/δ=
8	58.80	n5	n5'		l平均值	
9	68.60	n6	n6'			
10	78.40	n7	n7'		δn=l/4	

图　1-5

（2）求平均值。在单元格 F3 中编辑公式，输入"＝AVERAGE(C3,E3)"或者"＝(C3＋E3)/2"，回车即可。选中单元格 F3，鼠标移至右下角出现"＋"时，按住鼠标左键竖直下拉至单元格 F10 即可。

（3）逐差法求值。依次在"H3，H4，H5，H6"单元格中编辑公式，输入"＝F7－F3"、"＝F8－F4"、"＝F9－F5"、"＝F10－F6"，回车即可利用逐差法求出。依次在"H78，H9，10"单元格中编辑公式，输入"＝AVERAGE(H3：H6)"、"＝H7/4"回车即可。

（4）求不确定度。依次在"J3，J6，J78"单元格中编辑公式，输入"＝STDEV(H3：H6)"、"＝SQRT(J3＊J3＋J4＊J4＊2)"、"＝J6/H7"，回车即可。

3. 螺旋测微器

（1）用途和构造

螺旋测微器（又叫千分尺）是比游标卡尺更精密的测量长度的工具。它可用来测量精密零件尺寸、金属丝的直径和薄片的厚度；也可固定在望远镜、显微镜、干涉仪等仪器上，用来测量微小长度或角度。用它测长度可以准确到 $0.01\,mm$，测量范围为几个厘米。

螺旋测微器的构造如图1-6所示。螺旋测微器的小砧和固定刻度固定在框架上，旋钮、微调旋钮和可动刻度、测微螺杆连在一起，通过精密螺纹套在固定刻度上。

（2）原理和使用

螺旋测微器是依据螺旋放大的原理制成的，即螺杆在螺母中旋转一周，螺杆便沿着旋转轴线方向前进或后退一个螺距的距离。因此，沿轴线方向移动的微小距离，就能用圆周上的读数表示出来。可动刻度有50个等分刻度的，也有25分度和100分度的。现以可动刻度有50个等分刻度的为例，其精密螺纹的螺距是 $0.5\,mm$，可动刻度旋转一周，测微螺杆可前进或后退 $0.5\,mm$，因此旋转每个小分度，相当于测微螺杆前进或后退 $0.5/50\,mm=0.01\,mm$。可见，可动刻度每一小分度表示 $0.01\,mm$，所以螺旋测微器可准确到 $0.01\,mm$。由于还能再估读一位，可读到毫米的千分位，故又名千分尺。

（3）测量和读数方法

测量时，当小砧和测微螺杆并拢时，可动刻度的零点若恰好与固定刻度的零点重合，旋出测微螺杆，并使小砧和测微螺杆的面正好接触待测长度的两端，那么测微螺杆向右移动的距离就是所测的长度。这个距离的整毫米数由固定刻度上读出，小数部分则由可动刻度读出。

读数时，依照读数准线读取数值。先从固定刻度上读取 $0.5\,mm$ 以上的部分，再从可动刻度上读取余下尾数部分（估计到最小分度的十分之一，即 $1/1000\,mm$），然后两者相加。例如：图1-7(a)中读数为 $L_1=1.5\,mm+0.283\,mm=1.783\,mm$；图1-7(b)中读数为 $L_2=1.5\,mm+0.280\,mm=1.780\,mm$。

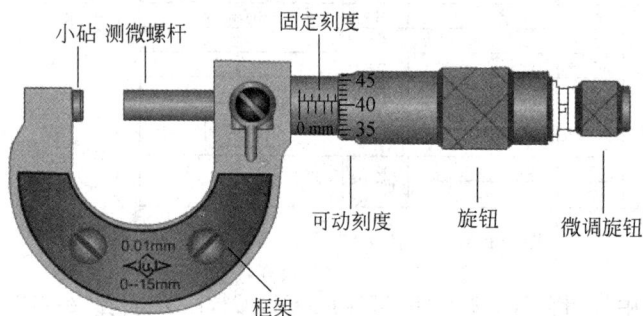

图1-6　螺旋测微器

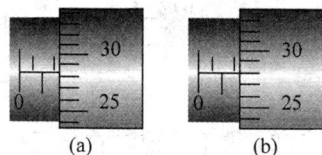

图1-7　螺旋测微器读数方法

（4）注意事项

① 测量前应检查零点读数。零点读数就是小砧和测微螺杆并拢时可动刻度的零点与固定刻度的零点不相重合而出现的读数。零点读数有正有负,测量时应加以修正,即在最后测出的读数上减去零点读数的数值。

② 测量时,在测微螺杆快靠近被测物体时应停止使用旋钮,而改用微调旋钮,待发出"咔、咔"声时,即可进行读数,这样既可使测量结果精确,又能避免产生过大的压力,保护螺旋测微器。

③ 读数时,要注意固定刻度尺上表示半毫米的刻线是否已经露出。

④ 读数时,千分位有一位估读数字,不能随便扔掉,即使固定刻度的零点正好与可动刻度的某一刻度线对齐,千分位上也应读取为"0"。

⑤ 测量完毕,应使小砧和测微螺杆间留出一点空隙,以免因热膨胀而损坏螺纹,并放入盒内,防止受潮。

实验二

扭摆法测物体的转动惯量

转动惯量是刚体转动时惯性的量度,其量值取决于物体的形状、质量分布及转轴的位置。刚体的转动惯量有着重要的物理意义,在科学实验、工程技术、航天、电力、机械、仪表等工业领域也是一个重要参量。电磁系仪表的指示系统,因线圈的转动惯量不同,可分别用于测量微小电流(检流计)或电量(冲击电流计)。在发动机叶片、飞轮、陀螺以及人造卫星的外形设计上,精确地测定转动惯量是十分必要的。

对于几何形状简单、质量分布均匀的刚体,可以直接用公式计算出它相对于某一确定转轴的转动惯量。而对于外形复杂和质量分布不均匀的物体,只能通过实验的方法来精确地测定物体的转动惯量,因而实验方法就显得更为重要。测定刚体转动惯量的方法很多,常用的有三线摆、扭摆、复摆等。本实验采用的是扭摆法,使物体作扭转摆动,由摆动周期及其他参数的测定算出物体的转动惯量。

【实验目的】

1. 熟悉扭摆的构造、使用方法和转动惯量测量仪的使用;
2. 利用塑料圆柱体和扭摆测定不同形状物体的转动惯量 J 和扭摆弹簧的扭摆常数 K。

【实验原理】

本实验使物体作扭转摆动,测定摆动周期和其他参数,从而计算出刚体的转动惯量 J。扭摆的构造如图 2-1 所示,垂直轴上装有金属载物盘,水平仪通过调节仪器底座上的三个螺钉使顶面水平,螺旋弹簧用以产生恢复力矩,使垂直轴上装的待测物体作简谐振动。

首先,我们讨论扭摆的简谐振动。将待测物体装在垂直轴上,并转过一定角度 θ,在弹簧的恢复力矩的作用下,物体开始绕垂直轴作往返运动。根据胡克定律知

$$M = -K\theta \qquad (2-1)$$

式中,K 为弹簧的扭转系数,根据转动定律:

$$M = J\beta \qquad (2-2)$$

式中,J 为转动惯量,β 为角加速度。令 $\omega^2 = K/J$,忽略轴承的摩擦力和空气阻力,则有

图 2-1　扭摆

$$\frac{\mathrm{d}^2\theta}{\mathrm{d}t^2} + \omega^2\theta = 0 \qquad (2-3)$$

(2-3)式表明物体的扭摆运动具有角简谐运动的特性,方程的解为

$$\theta = A\cos(\omega t + \phi) \tag{2-4}$$

此简谐振动的周期为

$$T = \frac{2\pi}{\omega} = 2\pi\sqrt{\frac{J}{K}} \tag{2-5}$$

在本实验中,物体扭摆的摆动周期 T 可由转动惯量实验仪测得。因此,欲测量物体的转动惯量 J,只需确定螺旋弹簧的扭转系数 K 即可。

接下来讨论一下如何确定螺旋弹簧的扭转系数 K。

(1) 当仅把扭摆的金属载物盘固定于螺旋弹簧上方时,根据(2-5)式,有

$$J_0 = KT^2/4\pi^2 \tag{2-6}$$

其中, J_0 为金属载物盘的转动惯量的实验值, T_0 为仅有金属载物盘时摆动周期。

(2) 把塑料圆柱体置于金属载物盘上方正中央时,根据式(2-5),有

$$J_0 + J_1' = KT_1^2/4\pi^2 \tag{2-7}$$

其中, $J_0 + J_1'$ 为金属载物盘和塑料圆柱体一体绕垂直轴转动时总的转动惯量的理论值, T_1 为二者一体时的摆动周期。

(3) 把(2-6)式代入(2-7)式中,消去 J_0 得

$$KT_0^2/4\pi^2 + J_1' = KT_1^2/4\pi^2 \tag{2-8}$$

很显然,在(2-8)式中, T_0, T_1 均可通过实验容易地测出,仅需给出塑料圆柱体的转动惯量理论值 $J_1' = mD^2/8$(其中 m 为质量, D 为直径,均可测出),即可求出扭转系数

$$K = \frac{\pi^2}{2}\frac{mD^2}{T_1^2 - T_0^2} \tag{2-9}$$

需要强调,只有确定了扭转系数 K,测出其他物体的摆动周期 T_i,才可以利用公式 $J_i = \frac{K\overline{T_i^2}}{4\pi^2} - J_0$,来确定其转动惯量 J_i。因此,在本实验中,确定螺旋弹簧扭转系数 K 是至关重要的一步。

【实验仪器】

扭摆(图 2-1)、转动惯量测试仪(图 2-2)、金属载物盘、塑料圆柱体、金属圆筒、木球/塑料球、金属细杆、天平、砝码、游标卡尺、钢卷尺、高度尺。

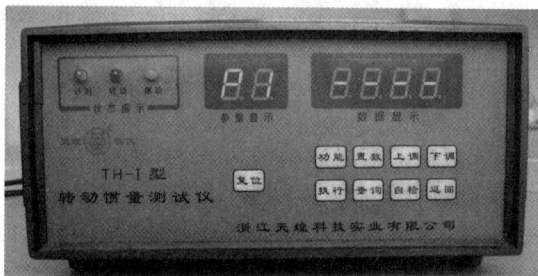

图 2-2　转动惯量实验仪

转动惯量测量仪由主机和光电传感器组成,可测出物体的多倍扭摆周期,并算出扭摆周期 T。使用时,调节光电传感器在固定支架上的高度,使挡光杆自由往返通过光电门。操作时开启电源,按"复位"、"执行"键,光杆自由往返通过光电门,转动惯量测量仪自动计数并自动停止,结果显示后再按"执行"键可再次测量周期。多次测量后求平均值。具体步骤为

1. 开机:显示图 2-2,若异常,可按复位键,即可正常(默认状态为摆动)。

2. "功能"键:可选择摆动和转动(开机和复位默认状态为摆动)。

3. "置数"键:显示 $N=10$,按"上调"键,周期数依次加 1,按"下调"键,周期数依次减 1,周期数可在 1~20 间任意设定,再按"置数键"确认。显示 F1end 或 F2end,预设后仅当再次置数或复位时,其余操作均不改变预置周期数。

4. "执行"键:显示 P1 000.0 当被测物体的挡光杆第一次通过光电门时开始计时,计时灯亮,直到周期数等于设定值时,停止计时,计时灯灭,显示第一次测量总时间。重复上述步骤,可进行最多 5 次测量(P1,P2,P3,P4,P5)。执行键还具有修改功能。如要修改第三组数据,按执行键直至显示 P3xxx.x 后,重新测量第三组数据。

5. "查询"键:可知每次测量周期(C1~C5),多次测量周期的平均值 CA,及当前的周期数 n,如显示"NO",则表示无数据,例如

$$C1\ 0.767 \quad C2\ 0.765 \quad \cdots \quad CA\ 0.766$$

6. "自检"键:仪器自动依次显示:

$$n=N-1{\rightarrow}2n=N-1{\rightarrow}SC{\rightarrow}Good\ 自动复位\ P1$$

7. "返回"键:系统无条件回到最初状态,清除所有执行数据。

【注意事项】

1. 机座应保持水平状态。

2. 光电探头宜放在挡光杆平衡处,但切忌与杆发生碰撞。

3. 弹簧扭转常数与摆动角度有关,使摆角固定在 90° 左右。

4. 称金属细杆与木球质量时,必须取下支架。

【实验内容与步骤】

1. 用高度尺、钢卷尺和游标卡尺分别测定待测物体几何尺寸,用天平测出相应质量,填入表 2-1。

2. 根据扭摆上水泡调整扭摆的底座螺钉使顶面水平,水泡居中。

3. 将金属载物盘固定在扭摆垂直轴上,调整挡光杆位置,测出其摆动周期 T_0(3 次,求平均值)。

4. 将塑料圆柱体放在载物盘上测出摆动周期 T_1(3 次,求平均值)。

5. 取下塑料圆柱体,在载物盘上放上金属圆筒测出振动周期 T_2(3 次,求平均值)。

6. 取下载物盘,测定木球/塑料球及支架的摆动周期 T_3(3 次,求平均值)。

7. 取下木球/塑料球,将金属细杆和支架中心固定,测定其摆动周期 T_4(3 次,求平均值)。

8. 做完实验后,整理实验仪器,处理数据,完成实验报告。

【实验结果与数据处理】

1. 计算扭转常数：$K = \dfrac{\pi^2}{2}\dfrac{m\overline{D}^2}{\overline{T}_1^2 - \overline{T}_0^2} =$ _____（N·m）。

2. 计算各种物体的转动惯量，并与理论值进行比较，求出百分误差。

表 2-1　转动惯量测量实验数据记录与处理参考表

球支座转动惯量实验值 $J_0' = 0.179 \times 10^{-4}$ kg·m²，细杆夹具转动惯量实验值 $J_0'' = 0.232 \times 10^{-4}$ kg·m²

物体名称	质量/kg	几何尺寸/(10⁻² m)		周期/s	转动惯量理论值/(10⁻⁴ kg·m²)	转动惯量实验值/(10⁻⁴ kg·m²)	百分误差
金属载物盘	—	—		T_0	—	$J_0 = \dfrac{J_1' \overline{T}_0^2}{\overline{T}_1^2 - \overline{T}_0^2}$ = _____	—
塑料圆柱		D		T_1	$J_1' = \dfrac{1}{8}m\overline{D}^2$ = _____	$J_1 = \dfrac{K\overline{T}_1^2}{4\pi^2} - J_0$ = _____	
		$\overline{D}$					
金属圆筒		$D_{外}$		T_2	$J_2' = \dfrac{1}{8}m(\overline{D}_{外}^2 + \overline{D}_{内}^2)$ = _____	$J_2 = \dfrac{K\overline{T}_2^2}{4\pi^2} - J_0$ = _____	％
		$\overline{D}_{外}$					
		$D_{内}$					
		$\overline{D}_{内}$					
球		D		T_3	$J_3' = \dfrac{1}{10}m\overline{D}^2$ = _____	$J_3 = \dfrac{K\overline{T}_3^2}{4\pi^2} - J_0'$ = _____	％
		$\overline{D}$					
金属细杆		L		T_4	$J_4' = \dfrac{1}{12}mL^2$ = _____	$J_4 = \dfrac{K\overline{T}_4^2}{4\pi^2} - J_0''$ = _____	％

【思考题】

物体的转动惯量与哪些因素有关?

【附录】　利用 Excel 软件进行数据处理方法

(1) 用表格法在 Excel 软件记录数据(图 2-3)。

	A	B	C	D	E	F	G
1				1.计算扭转系数K			
2		扭转系数K		N·m			
3				2.计算物体转动惯量及百分误差			
4	物体名称	质量m(Kg)	几何尺寸(10-2) m平均值	周期T (s) 平均值	转动惯量理论值	转动惯量实验值	百分误差
5	金属载物盘	/			/		/
6	塑料圆柱体						/
7							
8	金属圆筒						
9	球						
10	金属细杆						

图　2-3

(2) 求扭转常数

$$K = \frac{\pi^2}{2} \frac{m\overline{D}^2}{\overline{T}_1^2 - \overline{T}_0^2} \text{ (N · m)} 。$$

选中"C2"单元格后,在其中编辑公式,输入"=(9.8596 * B6 * C6 * C6 * 0.0001)/2/(D6 * D6−D5 * D5)",然后回车。

(3) 求转动惯量的理论值。

依次在"E6,E78,E9,E10"单元格中编辑公式,输入"=B6 * C6 * C6/8"、"=B7 * (C7 * C7+C8 * C8)/8"、"=B9 * C9 * C9/10"、"=B10 * C10 * C10/12",然后回车。

(4) 求转动惯量的实验值。

依次在"F5,F6,F78,F9,F10"单元格中编辑公式,输入"=E6 * D5 * D5/(D6 * D6−D5 * D5)"、"=(C2 * 10000 * D6 * D6/39.4384)−F5"、"=(C2 * 10000 * D7 * D7/39.4784)−F5"、"=C2 * 10000 * D9 * D9/39.4384−0.179"、"=C2 * 10000 * D10 * D10/39.4384−0.232",然后回车。

(5) 求百分误差。

依次在"G78,G9,G10"单元格中编辑公式,输入"=(F7−E7)/E7"、"=(F9−E9)/E9"、"=(F10−E10)/E10",然后回车。

实验三

用拉脱法测定液体表面张力系数

作用于液体表面,使液体表面积缩小的力,称为液体表面张力。表面张力能说明液体的许多现象,例如润湿现象、毛细管现象及泡沫的形成等。它产生的原因是液体跟气体接触的表面存在一个薄层,叫做表面层,表面层里的分子比液体内部稀疏,分子间的距离比液体内部的大一些,分子间的相互作用表现为引力。就像把弹簧拉开些,弹簧反而表现出具有收缩的趋势。正是因为这种张力的存在,有些小昆虫才能无拘无束地在水面上行走自如。液体的表面张力是表征液体性质的一个重要参数,在工业生产和科学研究中常常要涉及液体特有的性质和现象。比如化工生产中液体的传输过程、药物制备过程及生物工程研究领域中关于动、植物体内液体的运动与平衡等问题。测定液体表面张力系数的方法通常有:拉脱法、毛细管升高法和液滴测重法等。

拉脱法是测量液体表面张力系数常用的方法之一,该方法的特点是用称量仪器直接测量液体的表面张力,测量方法直观,概念清楚。用拉脱法测量液体表面张力,对测量力的仪器要求较高,液体表面的张力在 $1\times10^{-3}\sim1\times10^{-2}$ N 之间,因此需要有一种量程范围较小,灵敏度高,且稳定性好的测量力的仪器。近年来,新发展的硅压阻式力敏传感器张力系数测定仪正好能满足测量液体表面张力的需要,它比传统的焦利秤、扭秤等灵敏度高,稳定性好,且可数字信号显示,利于计算机实时测量。

【实验目的】

1. 了解 FB326 型液体表面张力系数测定仪的基本结构,掌握用砝码对测定仪进行定标的方法,计算传感器的灵敏度;

2. 观察拉脱法测液体表面张力的物理过程和物理现象,并用物理学基本概念和定律进行分析和研究,加深对物理规律的认识;

3. 掌握用拉脱法测定水的表面张力系数及用逐差法处理数据。

【实验原理】

如果将一洁净的圆筒形吊环浸入液体中,然后缓慢地提起吊环,圆筒形吊环将带起一层液膜,如图 3-1 所示。使液面收缩的表面张力 f 沿液面的切线方向,角 φ 称为**湿润角**(或接触角),如图 3-2 所示。当继续提起圆筒形吊环时,φ 角逐渐变小而接近为零,这时所拉出的液膜的里、外两个表面的张力 f 均垂直向下,设拉起液膜破裂时的拉力为 F,则有

$$F = (m + m_0)g + 2f \tag{3-1}$$

图 3-1　圆筒形吊环从液面缓慢拉出

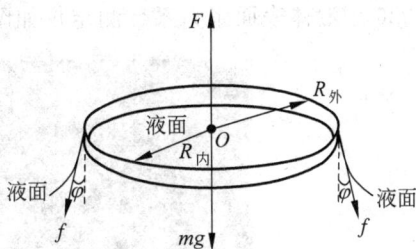

图 3-2　圆形吊环从液面缓慢拉起受力示意图

式中，m 为粘附在吊环上的液体的质量，m_0 为吊环质量。因表面张力的大小与接触面边界一周长度成正比，则有

$$2f = L\alpha \tag{3-2}$$

比例系数 α 称为表面张力系数，单位是 N/m，α 在数值上等于单位长度上的表面张力。式中 $L = \pi(D_内 + D_外)$，为圆筒形吊环内、外圆环的周长之和。(3-2)式改写为

$$\alpha = \frac{2f}{L} \tag{3-3}$$

由于金属膜很薄，被拉起的液膜也很薄，(3-1)式中 m 很小可以忽略，于是公式简化为

$$2f = F - m_0 g \tag{3-4}$$

表面张力系数 α 与液体的种类、纯度、温度和它上方的气体成分有关。实验表明，液体的温度越高，α 值越小，所含杂质越多，α 值也越小。只要上述这些条件保持一定，α 值就是一个常数。测量液体表面张力系数，要先测得 $F - m_0 g$，即圆筒形吊环所受到向下的表面张力，这是本实验的首要内容。

本实验采用 FB326 型液体的表面张力系数测定仪测定这个力，其核心器件为力敏传感器和数字式毫伏表。我们必须先确定 FB326 型液体的表面张力系数测定仪的灵敏度系数 K，因为该仪器是把力转化为电压并通过数字式毫伏表显示出来的，其关系式为

$$F = KU \tag{3-5}$$

转换系数 K 就像一把尺子中的刻度，只要读出数字式毫伏表的数值 U，就可以通过(3-5)式确定该仪器所受的拉力 F 的数值。

当吊环拉断液面的一瞬间，数字毫伏表显示拉力峰值 U_1 并自动保存该数据，此时 U_1 对应最大液体表面张力和吊环重力。拉断后，弹起按钮开关，此时绿灯灭，数字毫伏表恢复测量功能，其读数值为 U_2，此时 U_2 对应吊环重力。$U = U_1 - U_2$ 为液体表面张力所对应的测量值，则表面张力为

$$2f = KU$$

表面张力系数为

$$\alpha = \frac{2f}{L} = \frac{KU}{L} \tag{3-6}$$

【实验仪器】

FB326 型液体表面张力系数测定仪如图 3-3 所示。

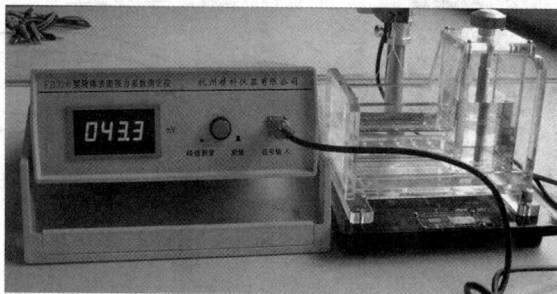

图 3-3　FB326 型液体表面张力系数测定仪

【实验内容与步骤】

1. 开机预热 15 min,在有机玻璃器皿内放入被测液体,清洗有机玻璃器皿和吊环。

2. 对力敏传感器定标。将砝码盘挂在力敏传感器的钩上,读取数字毫伏表的初读数(该读数包括砝码盘的重量),记录到表 3-1 中。然后每加一个 500.00 mg 砝码,读取一个对应数据,注意取放砝码时动作要应尽量轻巧,用逐差法求力敏传感器的转换系数 K。

3. 用游标卡尺测定吊环的内外直径,记录到表 3-2 中,求圆筒形吊环内、外周长和的平均值 $\bar{L}$。

4. 从公用温度计中读出室温,填入表 3-3 的上面。

5. 挂上吊环,逆时针转动活塞调节旋钮,使液面上升,调节吊环的高度。当环下沿接近液面时,仔细调节吊环的悬挂线,使吊环水平,然后把吊环一小部分浸入液体中。

6. 按下面板上的按钮开关,此时绿灯亮,仪器功能转为峰值测量。顺时针缓慢地转动活塞调节旋钮,这时液面逐渐下降(相对而言即吊环往上提拉),观察环浸入液体中及从液体中拉起时液面与数字毫伏表的变化。当吊环拉断液面的瞬间,数字毫伏表显示拉力峰值 U_1 并自动保存该数据,此时 U_1 对应最大液体表面张力和吊环重力。拉断后,弹起按钮开关,此时绿灯灭,数字毫伏表恢复测量功能,其读数值为 U_2,此时 U_2 对应吊环重力。连续重复 5 次分别测量 U_1,U_2,将结果记录在表 3-3 中。

【实验结果与数据处理】

1. 用逐差法求仪器的转换系数 $K(\mathrm{N/mV})$。（注：$\overline{\delta U}$ 为每加 500 mg 砝码所对应的数字毫伏表的读数。）

表 3-1　传感器转换系数 K 的数据记录与处理参考表

砝码质量 $/10^{-6}$ kg	增重读数 U_i'/mV	减重读数 U_i''/mV	$U_i=\dfrac{U_i'+U_i''}{2}/\mathrm{mV}$	$\delta U=\dfrac{1}{4}(U_{i+4}-U_i)$	
0.00					$\overline{\delta U}=\dfrac{1}{4}\sum\limits_{i=1}^{4}\delta U_i$
500.00				$\delta U_1=\dfrac{1}{4}(U_4-U_0)$ $=\underline{\hphantom{aaaa}}$	$=\underline{\hphantom{aaaa}}$
1000.00				$\delta U_2=\dfrac{1}{4}(U_5-U_1)$ $=\underline{\hphantom{aaaa}}$	
1500.00					
2000.00				$\delta U_3=\dfrac{1}{4}(U_6-U_2)$ $=\underline{\hphantom{aaaa}}$	$\Delta_{\delta U}=\sqrt{\dfrac{\sum\limits_{i=1}^{4}(\delta U_i-\overline{\delta U})^2}{4-1}}$
2500.00					
3000.00				$\delta U_4=\dfrac{1}{4}(U_7-U_3)$ $=\underline{\hphantom{aaaa}}$	$=\underline{\hphantom{aaaa}}$
3500.00					

求：(1) 仪器的转换系数 $K=\dfrac{mg}{\delta U}=\underline{\hphantom{aaaaa}}$ N/mV　（$g=9.793\ \mathrm{m/s^2}$）

(2) 仪器的转换系数 K 的不确定度

2. 吊环的内、外直径。

表 3-2　吊环的内、外直径数据记录与处理参考表　　　　　单位：10^{-3} m

测量次数	1	2	3	4	5
内径 $D_内$					
外径 $D_外$					
$L_i=\pi(D_{i内}+D_{i外})$					

$$\overline{L}=\frac{1}{5}\sum_{i=1}^{5}L_i=\underline{\hphantom{aaaaa}}$$

$$\Delta_L=\sqrt{\frac{\sum\limits_{i=1}^{5}(L_i-\overline{L})^2}{5-1}}=\underline{\hphantom{aaaaa}}$$

$$\Delta_K=\frac{\Delta_{\delta U}}{\delta U}\cdot\overline{K}=\frac{mg}{\delta U^2}\cdot\Delta_{\delta U}=\underline{\hphantom{aaaaa}}$$

3. 用拉脱法求拉力对应的数字毫伏表读数。

表 3-3　拉力对应的电子秤数据记录与处理参考表

水温(室温)＝＿＿＿＿℃

测量次数	拉脱时最大读数 U_1/mV	吊环读数 U_2/mV	$U = U_1 - U_2$/mV
1			
2			
3			
4			
5			
平均值	—	—	$\overline{U} = \dfrac{1}{5}\sum\limits_{i=1}^{5} U_i$ ＝＿＿＿＿

$$\Delta_U = \sqrt{\frac{\sum\limits_{i=1}^{5}(U_i - \overline{U})^2}{5-1}} = \underline{\qquad}$$

4. 计算表面张力系数 α 的实验值

$$\overline{\alpha} = \frac{\overline{U} \cdot K}{L} = \underline{\qquad} \times 10^{-3} \text{ N/m}$$

5. 计算液体表面张力系数 α 的理论值与相对误差。

根据 Harkins 经验公式,水的表面张力系数 $\alpha_0 = 75.976 - 0.145t - 0.00024t^2$ (10℃～60℃时适用),式中 t 为摄氏温度,表面张力系数单位为 mN/m。

水温 $t =$ ＿＿＿＿℃,表面张力系数理论值 $\alpha_0 =$ ＿＿＿＿$\times 10^{-3}$N/m

相对误差 $E = \dfrac{|\overline{\alpha} - \alpha_0|}{\alpha_0} \times 100\% =$ ＿＿＿＿

【思考题】

什么叫表面张力? 表面张力系数与哪些因素有关?

实验四

空气绝热系数的测定

气体的绝热系数是一个常用的物理量,在热力学理论及工程技术的应用中起着重要的作用,如热机的效率及声波在空气中的传播特性都与空气的绝热系数 γ 有关。

【实验目的】

1. 学习用绝热膨胀法测定空气的绝热系数;
2. 掌握光电计时器、微型气泵的使用方法。

【实验原理】

1 mol 气体在等体过程中吸收热量 dQ_V,使温度升高 dT,定义其摩尔比定容热容 $c_V = dQ_V/dT$,由气体动理论可以得到

$$c_V = \frac{dQ_V}{dT} \tag{4-1}$$

1 mol 气体在等压过程中吸收热量 dQ_p,使温度升高 dT,定义其摩尔比定压热容 $c_p = dQ_p/dT$,由气体动理论可以得到

$$c_p = \frac{dQ_p}{dT} \tag{4-2}$$

气体的比定压热容 c_p 与比定容热容 c_V 之比

$$\gamma = \frac{c_p}{c_V} \tag{4-3}$$

称为气体的**绝热系数**。

在热力学过程特别是绝热过程中,γ 是一个很重要的参数,测定的方法有很多种,这里介绍通过测定物体的振动周期来计算 γ 的方法。实验基本装置如图 4-1 所示,振动物体小钢球的直径比玻璃管直径仅小 $0.01 \sim 0.02$ mm。它能在玻璃管中上下移动。在储气瓶瓶壁上有一小口 C,通过插入一根细管,各种气体可以注入到储气瓶中。

钢球 A 的质量为 m,半径为 r(直径为 d),当储气瓶内压强 p 满足下面条件时,钢球 A 处于平衡状态,这时 $p = p_L + \frac{mg}{\pi r^2}$,式中 p_L 为大气压强。为了补偿由于空气阻尼引起振动物体 A 振幅的衰减,通过 C 管一直注入一个小气压的气流。在玻璃管 B 的中央开设有一个小孔,当振动物体 A 处于小孔

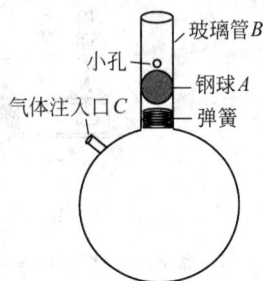

图 4-1　实验装置示意图

下方的半个振动周期时,注入气体使储气瓶的内压力增大,引起物体 A 向上移动,而当物体 A 处于小孔上方的半个振动周期时,储气瓶内的气体将通过小孔流出,使物体下降。以后重复上述过程,只要适当控制注入气体的流量,物体 A 能在玻璃管 B 的小孔上下作简谐振动,振动周期可利用光电计时器来测得。

若物体偏离平衡位置一个较小距离 x,则容器内气体的体积和压强相应变化 $\Delta V,\Delta p$,物体的运动方程为

$$m\frac{\mathrm{d}^2 x}{\mathrm{d}t^2} = \pi r^2 \Delta p \tag{4-4}$$

因为物体振动过程相当快,所以可以看作绝热过程,绝热方程

$$pV^\gamma = 常数 \tag{4-5}$$

将式(4-5)求导数得出

$$\Delta p = -\frac{p\gamma\Delta V}{V}, \quad \Delta V = \pi r^2 x \tag{4-6}$$

将式(4-6)代入式(4-4)得

$$\frac{\mathrm{d}^2 x}{\mathrm{d}t} + \frac{\pi^2 r^4 p\gamma}{mV}x = 0$$

此式即为熟知的简谐振动方程,则空气的绝热系数为

$$\omega = \sqrt{\frac{\pi^2 r^4 p\gamma}{mV}} = \frac{2\pi}{T}$$

$$\gamma = \frac{4mV}{T^2 pr^4} = \frac{64mV}{T^2 pd^4} \tag{4-7}$$

式中各量均可方便测得,因而可算出 γ 值。

振动周期采用可预置测量次数的光电计时器,采用重复多次测量。振动物体直径采用螺旋测微器测量,质量用天平称量,钢球在平衡位置时气体的体积 V 近似等于储气瓶的容积,大气压 $p = p_L + \frac{mg}{\pi r^2} \approx p_L\left(因为 p_L \gg \frac{mg}{\pi r^2}\right)$,可由气压表读出。

【实验仪器】

FB212 型气体比热容比测定仪一套(图 4-2)。

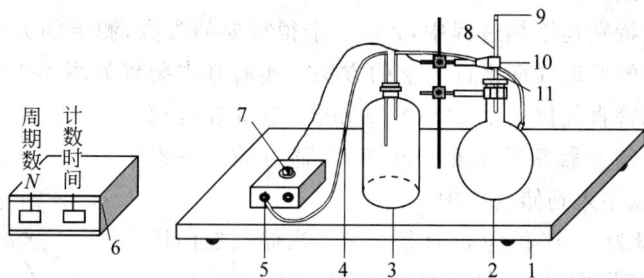

图 4-2　FB212 型气体比热容比测定仪整机结构示意图

1—底座;2—储气瓶Ⅰ;3—储气瓶Ⅱ;4—橡皮管;5—气泵出口及三通;6—FB213 型数显计数器;
7—气泵及气量调节旋钮;8—小孔;9—护套;10—光电传感器;11—钢球

【注意事项】

1. 装有钢球的玻璃管上端有一黑色护套,防止实验时气流过大,导致钢球冲出。如需测钢球的质量应先拔出护套,待测量完毕,钢球放入后,仍需插上护套。

2. 若计数器不计时,可能是光电传感器位置放置不正确,造成钢球上下振动时未能挡光计数。

【实验内容与步骤】

1. 将气泵、储气瓶用橡皮管连接好,装有钢球的玻璃管插入球形储气瓶 I。将光电传感器固定在支架上,注意固定在玻璃管(图 4-2 中 9)的小孔附近。

2. 接通气泵电源,缓慢调节气泵上的调节旋钮。数分钟后,待储气瓶内注入一定压力的气体后,玻璃管中的钢球浮起离开弹簧,向管子上方移动,此时适当调节进气的大小,使钢球以玻璃管上的小孔为中心上下振动,维持简谐振动状态。

3. 接通 FB213 型数显计数器的电源(图 4-2 中 6),将光电传感器与数显计数器连接。打开数显计数器电源开关,预置测量次数为 50 次,设置计数次数时,可分别按"置数"键的十位或个位按钮进行调节。在钢球正常振动的情况下,按"执行"键,数显计数器即开始计时,每计录一个周期,周期显示数值逐 1 递减,直到递减为 0 时,计时结束,数显计数器显示出累计 50 个周期的时间。重复测量 5 次,将数据记录到表 4-1 中。

4. 记录实验室的大气压强 p 和储气瓶 I 的体积 $V_瓶$,将结果填入表 4-1 上面。

5. 用螺旋测微器和天平分别测出钢球的直径 d 和质量 m,重复测量 5 次。

【实验结果与数据处理】

1. 计算钢球振动周期与不确定度。

表 4-1　钢球振动周期数据记录与处理参考表

大气压强 $p=$ _____ Pa　　　　$V_{瓶}=$ _____ cm³　　　　周期个数 $n=$ _____

项　目	次　数					平均值	$\Delta_T=\sqrt{\dfrac{\sum(T_i-\overline{T})^2}{n-1}}$
	1	2	3	4	5		
N 个周期时间 t/s						—	—
1 个周期 T/s							

结果：$T=\overline{T}\pm\Delta_T=$ _____（s）

2. 求钢球质量、直径及其不确定度。

表 4-2　钢珠球质量、直径数据记录与处理参考表

项　目	次　数					平均值	$\Delta_x\cong\sqrt{\dfrac{\sum(x_i-\overline{x})^2}{n-1}}$
	1	2	3	4	5		
质量 $m/10^{-3}\,\mathrm{kg}$							
直径 $d/10^{-3}\,\mathrm{m}$							

结果：$m=\overline{m}\pm\Delta_m=$ _____ $\times10^{-3}\mathrm{kg}$，$d=\overline{d}\pm\Delta_d=$ _____ $\times10^{-3}\mathrm{m}$

3. 在忽略储气瓶 I 体积 V、大气压 p 测量误差的情况下，估算空气绝热系数及不确定度。

$$\overline{\gamma}=\frac{64\overline{m}V}{\overline{T}^2p\overline{d}^4}=\underline{\qquad},\quad E_\gamma=\frac{\Delta_\gamma}{\overline{\gamma}}=\sqrt{\left(\frac{\Delta_m}{\overline{m}}\right)^2+\left(2\frac{\Delta_T}{\overline{T}}\right)^2+\left(4\frac{\Delta_d}{\overline{d}}\right)^2}=\underline{\qquad}$$

$$\Delta_\gamma=E_\gamma\overline{\gamma}=\underline{\qquad},\quad\gamma=\overline{\gamma}\pm\Delta_\gamma=\underline{\qquad}$$

【思考题】

1. 为使实验测量空气比热容比的公式成立，必须保证哪些条件？试对实验结果进行误差分析。

2. 若钢球在作正常简谐振动时用手指捂住钢球简谐振动腔上端开口时，会观察到什么现象？为什么？

3. 注入气体量的多少对小球的运动情况有没有影响？

【 附 录 】

气体绝热系数表达式为 $\gamma = \dfrac{64mV}{T^2 pd^4}$，其平均值为 $\bar{\gamma} = \dfrac{64\bar{m}V}{\bar{T}^2 \bar{p}d^4}$

取自然对数并全微分

$$\mathrm{d}\ln\gamma = \frac{\mathrm{d}\gamma}{\gamma} = \frac{\mathrm{d}m}{m} + \frac{\mathrm{d}V}{V} - 2\frac{\mathrm{d}T}{T} - 4\frac{\mathrm{d}d}{d}$$

改微分号为不确定度符号，求其"方和根"：

$$E_\gamma = \frac{\Delta_\gamma}{\bar{\gamma}} = \sqrt{\left(\frac{\Delta_m}{\bar{m}}\right)^2 + \left(2\frac{\Delta_T}{\bar{T}}\right)^2 + \left(4\frac{\Delta_d}{\bar{d}}\right)^2}$$

所以

$$\Delta_\gamma = E_\gamma \bar{\gamma}$$

实验五

线性元件及非线性元件的伏安特性

电路中有各种电学元件,如线性电阻、半导体二极管和三极管,以及光敏、热敏和压敏元件等。知道这些元件的伏安特性对正确使用它们是至关重要的。利用滑线变阻器的分压接法,通过电压和电流表测出它们的电压与电流的变化关系,这种方法称为伏安测量法(简称伏安法)。伏安法是电学中常用的一种基本测量方法。

【实验目的】

1. 了解分压器电路的调节特性;
2. 掌握测量伏安特性的基本方法;
3. 了解二极管的伏安特性。

【实验原理】

1. 分压电路

滑线变阻器的分压器接法如图 5-1 所示。将滑线变阻器 R 的两个固定端 A 和 B 接到直流电源 E 上,将滑动端 C 接到负载 R_L 上,则负载 R_L 两端的电压 U 为

$$U = \frac{R_{BC}R_L}{RR_L + R_{BC}(R - R_{BC})}E \qquad (5\text{-}1)$$

因为

$$0 \leqslant R_{BC} \leqslant R$$

所以

$$0 \leqslant U \leqslant E \qquad (5\text{-}2)$$

图 5-1 分压电路

因此,负载电路的电压可以通过改变滑动端的位置来实现,其变化范围为 $0 \sim E$。

2. 电学元件的伏安特性曲线

在某一电学元件两端加上电压,在元件内就会有电流通过,通过元件的电流与端电压之间的关系称为电学元件的**伏安特性**。在欧姆定律 $U = IR$ 中,电压 U 的单位为 V,电流 I 的单位为 A,电阻 R 的单位为 Ω。一般以电压为横坐标和电流为纵坐标画出电学元件的电压-电流关系曲线,称为该元件的**伏安特性曲线**。

对于碳膜电阻、金属膜电阻、线绕电阻等电学元件,在通常情况下,通过元件的电流与加在元件两端的电压成正比关系变化,即其伏安特性曲线为一直线,如图 5-2(a)所示,这类元件称为**线性元件**。半导体二极管、稳压管等元件,通过元件的电流与加在元件两端的电压不

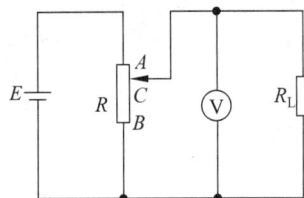

成线性关系变化,其伏安特性为一曲线如图 5-2(b)所示,这类元件称为**非线性元件**。

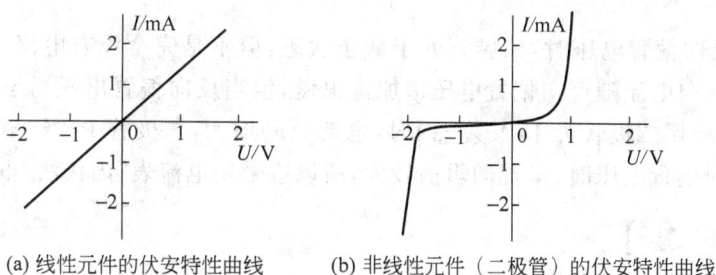

(a) 线性元件的伏安特性曲线　　　　　(b) 非线性元件(二极管)的伏安特性曲线

图 5-2　电学元件的伏安特性曲线

在设计测量电学元件伏安特性的线路时,必须了解待测元件的规格,使加在它上面的电压和通过的电流均不超过额定值。此外,还必须了解测量时所需其他仪器的规格(如电源、电压表、电流表、滑线变阻器等),也不得超过其量程或使用范围。根据这些条件所设计的线路,可以将测量误差减到最小。

3. 实验线路的比较和选择

采用伏安法测量电阻 R 的伏安特性的线路中,通常有电流表内接法和电流表外接法两种方法,如图 5-3 所示。对于内接法,由于电流表的内阻值并不为零,故而电流表具有分压作用,所得电阻值必然偏大而出现系统误差。只有待测电阻的阻值远大于电流表的内阻值,电流表的分压作用才较小,系统误差才较小。对于外接法,由于电压表内阻不可能达到无穷大,因此电压表必然具有分流作用,所得电阻值必然偏小而出现系统误差。只有待测电阻的阻值远小于电压表的内阻,电压表的分流作用才较小,系统误差才较小。因此我们得出一般性的结论:内接法电路在测量"大"阻值电阻时误差较小,外接法在测量"小"阻值电阻时误差较小。要注意的是,这里的"大"和"小"并不是绝对的,要根据实际情况合理选择。

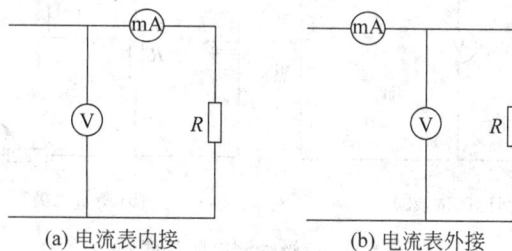

(a) 电流表内接　　　　　　　(b) 电流表外接

图 5-3　电流表的连接

本实验给出的线性元件(电阻)有两种,其电阻标称值分别为 20 kΩ 和 100 Ω,因此标称值为 20 kΩ 的电阻比较适合用内接法进行测量,而标称值为 100 Ω 的电阻比较适合用外接法进行测量。

4. 二极管的伏安特性

本实验研究的另一个重点内容是二极管的伏安特性,二极管的主要特点是:

(1)当对晶体二极管加上正向偏置电压时,则有正向电流流过二极管,且随正向偏置电压的增大而增大。开始电流随电压变化较慢,而当正向偏压增到接近二极管的导通电压(本实验所用二极管为 0.6~0.7 V),电流变化明显,导通后,电压变化少许电流就会急剧变化很大。当二极管加上正向偏置电压时,呈现的阻值较小,所以应采用电流表"外接法"电路进行测量。

(2)当加反向偏置电压时,二极管处于截止状态,但不是完全没有电流,而是有很小的反向电流。该反向电流随反向偏置电压增加得很慢,但当反向偏置电压增至该二极管的击穿电压(本实验所用二极管为14 V左右)时,电流急剧增大,二极管 PN 结被反向击穿。当二极管加上反向偏置电压时,呈现的阻值较大,所以应采用电流表"内接法"电路进行测量。

【实验仪器】

电源、电流表、电压表、滑线变阻器、电键、待测电阻、稳压二极管、导线、变阻箱

【实验内容与步骤】

1. 用电流表外接法测量阻值为 100 Ω 电阻的伏安特性,并画出伏安特性曲线

(1)按图 5-4 采用回路接线法接线(**注意:此时电源电压选取 5 V**)。

(2)调节变阻器的滑动端 C,使电压从零开始逐步增大,读出电压、电流值,并记入表 5-1 中。

图 5-4 外接法测电阻接线图

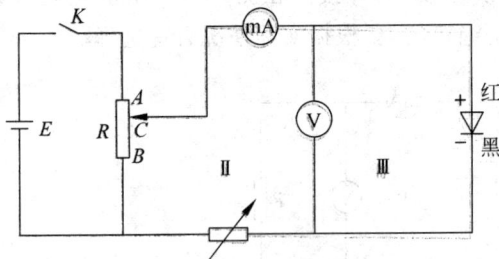

2. 测二极管的正反向伏安特性,并画出二极管的伏安特性曲线

(1)测二极管的正向伏安特性

连接线路如图 5-5(a)(**注意:此时电源电压选取 2 V**),电压从零缓慢增加,每隔 0.1 V 读数一次,将相应的电压、电流值记入表 5-2 中。

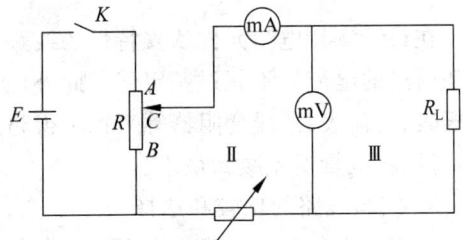

(a) 测量二极管正向特性接线图　　　　(b) 测量二极管反向特性接线图

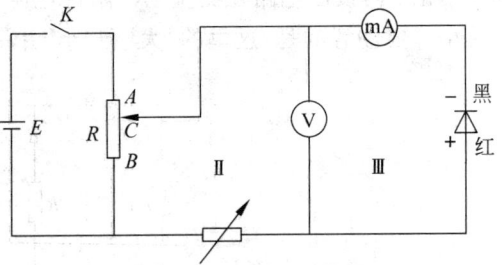

图 5-5 二极管测电阻接线图

(2)测二极管的反向伏安特性

按图 5-5(b)连接线路(**注意:此时电源电压选取 20 V**),调节滑线变阻器,逐步增大电压,从零开始每隔 1 V 读数一次,将相应的电压、电流值记入表 5-3 中。

(3)根据表 5-2、5-3 中的数据,在一张作图纸中以电压 U 为横坐标,电流 I 为纵坐标,画出二极管的伏安特性曲线。

【实验结果和数据处理】

1. 线性元件伏安特性的测量，并画出伏安特性曲线。

(1) 将实验数据填入表 5-1 中。

表 5-1　线性电阻 100 Ω 的数据记录参考表

U/V									
I/A									

(2) 以电压 U 为横坐标，电流 I 为纵坐标，画出电阻的伏安特性曲线，用图解法求电阻值 R，并与其准确值 R_0 比较，计算相对误差。

$$待测电阻的实验值 R = \underline{\hspace{2cm}} \ \Omega$$

$$相对误差：E_R = \frac{|R - R_0|}{R_0} \times 100\% = \underline{\hspace{2cm}} \%$$

2. 非线性元件伏安特性的测量，并画出二极管的伏安特性曲线。

(1) 将实验数据填入表格 5-2、5-3 中。

表 5-2　二极管的正向特性数据记录参考表

U/V									
I/mA									

表 5-3　二极管的反向特性数据记录参考表

U/V									
I/mA									

(2) 将正反向伏安特性曲线描绘在同一个坐标图上，特性曲线上反向的 U 和 I 均取负值，由于正反向电压、电流值相差较大，作图时可选取**不同刻度值**。

【思考题】

半导体二极管的正向电阻小而反向电阻很大，在测定其伏安特性时，线路设计中应注意哪些问题？

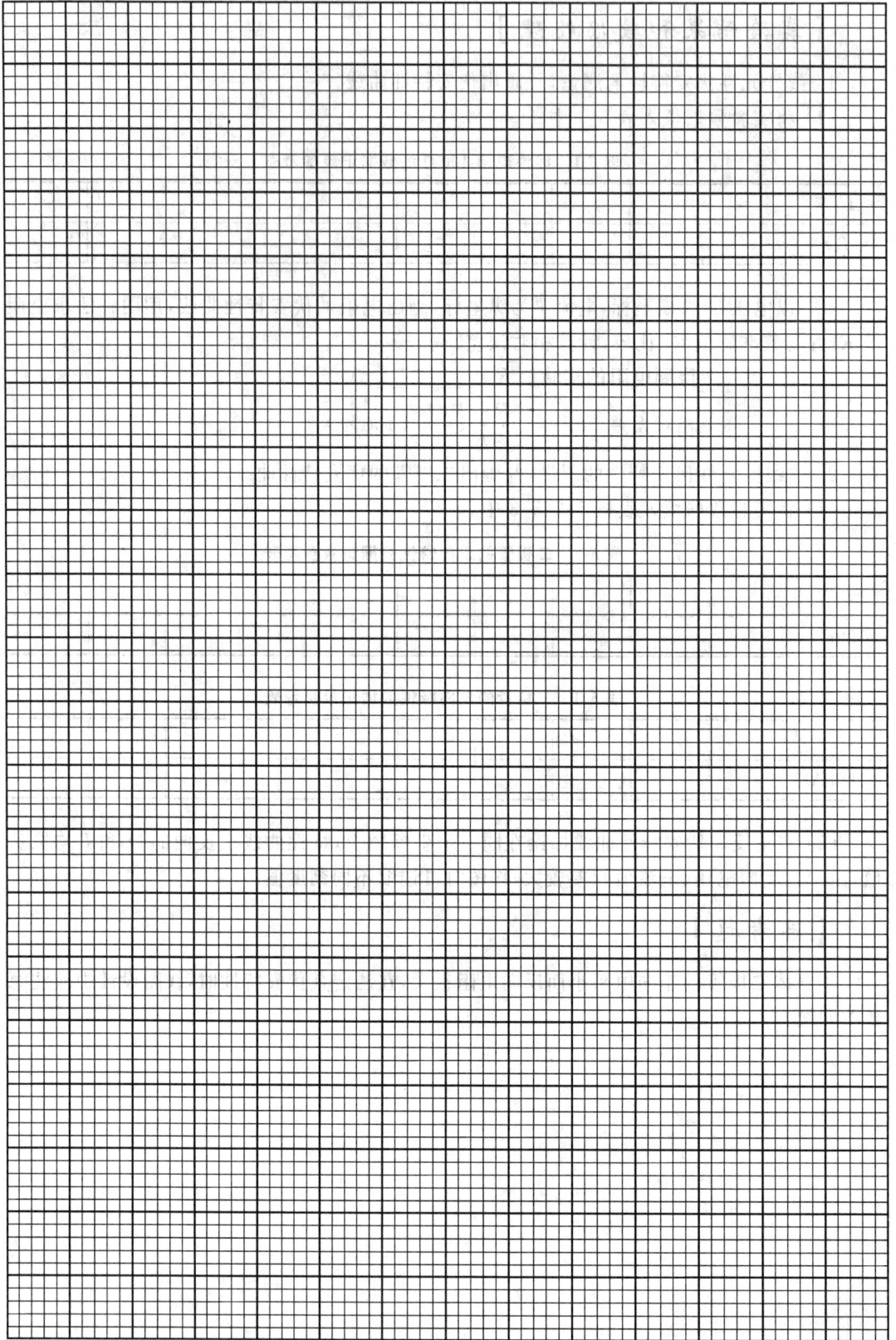

实验六

单、双臂电桥测电阻

测量电阻的方法很多,如万用表、伏安法、替代法等。本实验学习使用单、双臂电桥法测量电阻。电桥是利用比较法进行电磁测量的一种仪器,它不仅可以测量很多电学量,如电阻、电容、电感等,而且配合不同的传感器件,可以测量很多非电学量,如温度、压力等。实验室里常用的电桥有单臂电桥(惠斯通电桥)和双臂电桥(开尔文电桥)两种。前者一般用于测量中高值电阻($1\ \Omega\sim100\ \text{k}\Omega$);后者用于测量 $1\ \Omega$ 以下的低值或超低值电阻。单、双臂电桥是一种用比较法测量电阻的仪器,测量时根据被测电阻与已知电阻进行比较而得到测量结果,因而测量精度较高。

【实验目的】

1. 了解单臂、双臂电桥的结构及工作原理;
2. 掌握电桥平衡法测电阻的方法。

【实验原理】

1. 单臂电桥测电阻原理

单臂电桥是最常用的直流电桥。电路主要由三个精密电阻及一个待测电阻组成,对角 A,C 两端接电源及电键,B,D 之间连接一个检流计作"桥"。直接比较 B,D 两端的电位,调节可变电阻 R 使检流计指零($I_g=0$),此时电桥平衡,桥两端 B,D 电位相等,此时 $R_X/R=R_2/R_1$。根据电桥的平衡条件,若已知其中三个电阻,就可以计算出待测电阻,即

$$R_X = \frac{R_2}{R_1}R = CR \quad (C\ \text{称为倍率})$$

2. 双臂电桥测低值电阻原理

单电桥测低值电阻时,由于引线电阻和接触电阻 $r(10^{-2}\sim10^{-4}\ \Omega)$,已经不可忽略,致使测量值误差较大。改进如下:(1)将其中的低值电阻改为四端接法,如图 6-2 所示,改用四线接法后的等效电路如图 6-3 所示;(2)增加四个高阻值电阻 R_1,R_2,R_1',R_2' 构成双电桥的"臂",电路原理图如图 6-4 所示。

四端接法电阻外侧的两个接点称为电流端,通常接电源回路,从而将电流端的附加电阻折合到电源回路的电阻中(在图 6-4 中,R_X 的电流端接触电阻为 r_1 和 r_4,都连接到双臂电桥测量回路的电路回路内);电阻内侧的两个接点称为电压端,通常接高电阻回路或电流为零的补偿回路(在图 6-4 中,R_X 电压端接触电阻为 r_2 和 r_3 都连接到桥臂电压测量回路中),

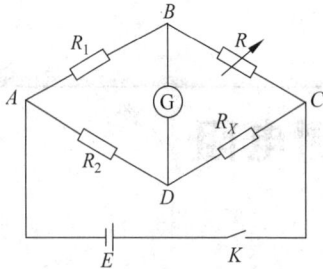

图 6-1　单臂电桥原理图

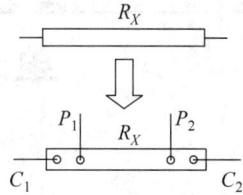

图 6-2　四端接法

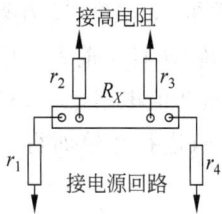

图 6-3　四端接法等效电路图

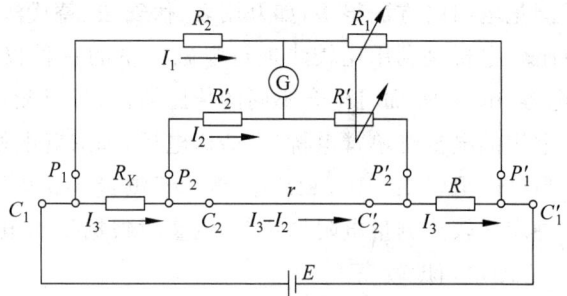

图 6-4　双臂电桥原理图

因为它们与较大电阻 R_1、R_2,R_1',R_2' 相串联,故其影响可忽略。标准电阻 R 也采用相同的四端接法,故而标准电阻的接触电阻也可做相同分析。

在电路图 6-4 中,当检流计调平衡后,可得到以下三个方程:

$$I_3 R_X + I_2 R_2' = I_1 R_2, \quad I_3 R + I_2 R_1' = I_1 R_1, \quad I_2(R_2' + R_1') = (I_3 - I_2)r$$

由这三个电路方程解得

$$R_X = \frac{R_2}{R_1}R + \frac{rR_1'}{R_1' + R_2' + r}\left(\frac{R_2}{R_1} - \frac{R_2'}{R_1'}\right)$$

由于与高值电阻相比 r 非常小,且两对比率臂做成联动机构,使 $R_2'/R_1' = R_2/R_1$,则 $R_X = R_2 R/R_1 = CR$。通过两点改进,双臂电桥将待测电阻 R_X 和标准电阻 R 的接触电阻巧妙地转移到电源内阻和桥臂电阻上,又通过设定 $R_2'/R_1' = R_2/R_1$,保证了测量低电阻时的准确度。

3. 单、双臂电桥测量的不确定度

电桥的准确度等级指数为 α,主要反应了电桥中各种标准电阻的准确度,同时还与一定的测量范围、工作电源电压和检流计等条件有关,具体值见附录中表 6-3、表 6-4。

(1) QJ-23 型单臂电桥在其规定的使用条件下,电桥的基本误差极限为

$$E_{\lim} = \pm \alpha\%(CR + 500C)$$

如果不符合测量范围或电源、电流计条件时,电桥测量判断平衡时,则不"灵敏",测量不确定度会增大。所以电桥测量电阻时,测量的误差还包括仪器的灵敏阈。实验中,能够引起仪表显示值发生可觉察变化的被测量物理量的最小变化量叫做仪器的灵敏阈(也叫分辨率)。本实验以检流计偏转 0.2 分格所对应的待测电阻变化值作为电桥的灵敏阈。当所用电桥灵敏阈越低时,则测量的精度越高。单电桥的灵敏阈计算公式为:$\Delta_s = 0.2C\Delta R/\Delta d$,

其中 ΔR 为电桥平衡后,测量盘改变电阻的大小(一般几个到几十个 Ω),此时检流计指针会对应偏转的格数 Δd,所以测量的总不确定度为

$$\Delta_{R_X} = \sqrt{E_{\lim}^2 + \Delta_S^2}$$

(2) QJ-24 型双臂电桥在其规定的使用条件下双电桥的基本误差极限:

$$E_{\lim} = \pm \alpha\% (CR + 0.01C)$$

由于双臂电桥的检流计通过放大电路工作,具有很高的灵敏度,故灵敏阈所引起的测量误差可以忽略,总不确定度为

$$\Delta_{R_X} = |E_{\lim}| = \alpha\% (CR + 0.01C)$$

【实验仪器】

QJ-23 型单臂电桥、QJ-44 型双臂电桥如图 6-5,图 6-6 所示。

图 6-5　QJ-23 型携带式单臂电桥

图 6-6　QJ-44 型携带式双臂电桥

1. QJ-23 型携带式单臂电桥

(1) 倍率 C: $C = R_2/R_1$,分为 $\times 0.001$,$\times 0.01$,$\times 0.1$,$\times 1$,$\times 10$,$\times 100$,$\times 1\,000$ 共七挡。

(2) 测量盘 R:由四个十进位电阻盘组成 $\times 1\,000$,$\times 100$,$\times 10$,$\times 1$。

(3) 接线端 X_1 和 X_2 接被测电阻,B_+ 和 B_-、G_+ 和 G_- 分别为外接电源和检流计接线端。若使用内置的电源或检流计,应将相应的外接线端用金属片连接起来。

(4) 检流计 G:用作平衡判断,在使用前应先调零。

(5) 电源开关 B 及检流计开关 G:由于长时间通电对电阻有热效应,且电源消耗过快;非瞬时过载对检流计也易造成损坏。实验中应先按 B 后按 G,断开时,必须先断开 G 后断开 B,并尽量避免被锁住。

2. QJ-44 型携带式双电桥

(1) 倍率 C: $C = R_2/R_1$,分为 $\times 0.01$,$\times 0.1$,$\times 1$,$\times 10$,$\times 100$ 五挡。

(2) 测量盘:由粗调盘和细调盘组成。粗调盘有 $0.01 \sim 0.1$ 十挡,细调盘从 $0.000\,0 \sim 0.010\,0$ 连续可调,还应再估读一位,小数点后有五位数字。

(3) 高灵敏度检流计:灵敏度旋钮逆时针转到头为低灵敏度,顺时针转到头为最高灵敏度。检流计由开关 B_1 控制,不用时务必断开 B_1,以免耗电。调零旋钮每次改变灵敏度,要重新调零。

(4) 外接电源端 B:用于连接外接电源。本实验采用内置电源(或者由市电供电)。

(5) 电源开关 B 及检流计开关 G：B,G 按钮使用同单电桥。

(6) 四端接线端 C_1,C_2,P_1,P_2：待测低值电阻,必须采用四端接法。

【实验内容与步骤】

1. 单臂电桥测电阻

(1) 测量前,接通电源,检流计调零,连接待测电阻。

(2) 预置 C,R。根据待测电阻大约值及 $R_x = CR$ 关系,将测量盘 R 置为千位数,再定 C 的大小。如测 100 Ω 的电阻,将 R 置于 1 000,C 选 0.1,可测出 R 有四位有效位数,提高测量精度。

(3) 跃按 B,G 按钮,调节测量盘 R 直到检流计指零后,在表 6-1 中记下 R 值。

(4) 电桥平衡后稍微改变 R 值(一般几个到几十个 Ω),观察检流计指针偏转的格数 Δd,记下 R 改变量 ΔR 与 Δd。

2. 双臂电桥测低值电阻

(1) 测量前接通电源,打开开关 B_1,选择合适的灵敏度后检流计调零,用四端接法连接待测低值电阻。

(2) 预置 C,R,选择原则也是使电阻读数有效位数尽量多。

(3) 跃按 B,G,先调节 R 粗调盘,再调细调盘,直到检流计指零,在表 6-2 中记下此时 R 的值,注意 R 小数点后有五位数字。

(4) 实验完毕,开关 B_1 置于"断",整理实验仪器。

【实验结果与数据处理】

1. 单臂电桥数据处理。

表 6-1　QJ-23 型电桥测电阻数据记录与处理参考表

电阻标称值/Ω			
倍率 C			
平衡时测量盘读数 R/Ω			
平衡后将测量盘改变 $\Delta R/\Omega$			
与 ΔR 对应的检流计的示值变化 $\Delta d/$分格			
准确度等级指数 α			
测量值 CR/Ω			
$[\,|E_{\lim}| = (\alpha\%) \times (CR + 500 \times C)]/\Omega$			
$(\Delta_S = 0.2 \times C \times \Delta R/\Delta d)/\Omega$			
$(\Delta_{R_X} = \sqrt{E_{\lim}^2 + \Delta_S^2})/\Omega$			
$(R_X = CR \pm \Delta_{R_X})/\Omega$			

2. 双臂电桥数据处理。

表 6-2　QJ-44 型双电桥测电阻数据记录与处理参考表

电阻标称值/Ω			
倍率 C			
平衡时测量盘读数 R/Ω			
准确度等级指数 α			
测量值 CR/Ω			
$(R_X = CR \pm \Delta\%)/\Omega$			
$(R_X = CR \pm \Delta_{R_X})/\Omega$			

【思考题】

为什么单电桥测电阻选取比率臂的时候,应该使 $\times 1\,000\ \Omega$ 的测量盘尽可能用上?

【附录】

表 6-3　QJ-23 型单臂电桥的准确度等级参考表

测量范围/Ω	电源电压	准确度等级 α
$1\sim9.999$		1
$10\sim99.99$		0.5
$10^2\sim999.9$	4.5 V	0.2
$10^3\sim9999$		0.2

表 6-4　QJ-44 型双臂电桥的准确度等级参考表

倍率 C	测量范围/Ω	准确度等级 α
$\times100$	$1\sim11$	0.2
$\times10$	$0.1\sim1.1$	0.2
$\times1$	$0.01\sim0.11$	0.2
$\times0.1$	$0.001\sim0.011$	0.5
$\times0.01$	$0.0001\sim0.0011$	1

实验七

示波器的原理和使用

示波器是一种用途广泛的基本电子测量仪器,用它能观察电信号的波形、幅度和频率等参数。它能把肉眼看不见的电信号变换成看得见的图像,便于人们研究各种电现象的变化过程。示波器利用狭窄的、由高速电子组成的电子束,打在涂有荧光物质的屏面上,就可产生细小的光点。在被测信号的作用下,电子束就好像一支笔的笔尖,可以在屏面上描绘出被测信号的瞬时变化曲线。利用示波器能观察各种不同信号幅度随时间变化的波形曲线,还可以用它测试各种不同的电量,如电压、电流、频率、相位差、调幅度等。在实际应用中凡是能转化为电压信号的电学量和非电学量都可以用示波器来观测。

【实验目的】

1. 了解示波器的基本结构和工作原理,掌握使用示波器的基本方法;
2. 学会使用示波器观测电信号波形和电压幅值以及频率;
3. 学会使用示波器观察李萨如图。

【实验原理】

示波器包括如图 7-1 所示的几个基本组成部分:示波管(又称阴极射线管,简称 CRT),垂直放大电路(Y 放大),水平放大电路(X 放大),扫描信号发生器(锯齿波发生器),触发同步电路,电源等。

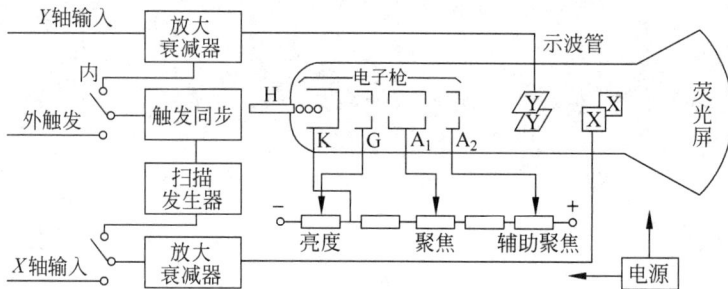

图 7-1　示波器结构图

1. 示波管的基本结构

示波管主要由电子枪、偏转系统和荧光屏三部分组成。

(1) 电子枪

电子枪由灯丝 H、阴极 K、控制栅极 G、第一阳极 A_1、第二阳极 A_2 五部分组成。灯丝通电后加热阴极,阴极是一个表面涂有氧化物的金属圆筒,被加热后发射电子。控制栅极是一个顶端有小孔的圆筒,套在阴极外面。它的电位比阴极低,对阴极发射出来的电子起控制作用,只有初速度较大的电子才能穿过栅极顶端的小孔,然后在阳极加速下奔向荧光屏。示波器面板上的"辉度"调整就是通过调节栅极 G 电位,来控制射向荧光屏的电子流密度改变屏上的光斑亮度。

阳极电位比阴极电位高很多,电子被它们之间的电场加速形成电子束。当控制栅极 G、第一阳极 A_1 与第二阳极 A_2 电位之间电位调节合适时,电子枪内的电场对电子束有聚集作用。第二阳极电位更高,又称加速阳极。面板上的"聚集"调节,就是调第一阳极 A_1 电位,使荧光屏上的光斑成为明亮、清晰的小圆点。

(2) 偏转系统:它由两对互相垂直的偏转板组成,一对竖直偏转板 Y_1,Y_2,一对水平偏转板 X_1,X_2。在偏转板上加以适当电压,电子束通过时,其运动方向发生偏转,从而使电子束在荧光屏上产生的光斑位置也发生改变。容易证明,光点在荧光屏上偏移的距离与偏转板上所加的电压成正比。因而可将电压的测量转化为屏上的光斑偏离距离的测量,这就是示波器测量电压的原理。

(3) 荧光屏:屏上涂有荧光粉,电子打上去它就发光,形成光斑。荧光屏前有一块透明的、带刻度的坐标板,供测定光点的位置用。

2. 波形显示原理

(1) X 轴和 Y 轴偏转板都不加电压时,阴极发射的电子束不发生偏转,而是做直线运动轰击荧光屏中心。在屏幕中心会出现一个亮点,如图 7-2 所示。

(2) 如果只在竖直偏转板(Y 轴)上加一正弦电压,则电子只在竖直方向随电压变化而往复运动,如果电压频率较高,由于人眼的视觉暂留现象,则看到的是一条竖直亮线,其长度与正弦信号电压的峰-峰值成正比,见图 7-3。

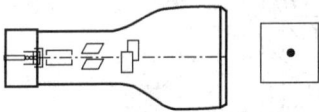

图 7-2　偏转系统不加电压　　　　图 7-3　信号随时间变化的规律(加在 Y 偏转板)

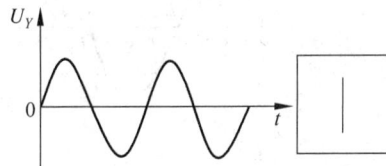

(3) 仅在水平偏转板加一扫描(锯齿)电压:为了能使 Y 方向所加的电压 $U_Y(t)$ 在空间展开,需在水平方向形成一时间轴 t。这一 t 轴可通过在水平偏转板加一如图 7-4 所示的锯齿电压 $U_X(t)$,由于该电压在 $0\sim1$ 时间内电压随时间成线性关系达到最大值,使电子束在屏上产生的亮点随时间线性水平移动,最后到达屏的最右端。在 $1\sim2$ 时间内(最理想情况是该时间为零)U_X 突然回到起点(即亮点回到屏的最左端)。如此重复变化,若频率足够高的话,则在屏上形成一条如图 7-4 所示的水平亮线,即 t 轴。

(4) 常规显示波形:如果在 Y 偏转板加一正弦电压(实际上任何想要观察的波形均可),同时在 X 偏转板加一锯齿电压,电子束受竖直、水平两个方向合力的作用,电子的运动是两相互垂直运动的合成。当两电压周期具有合适的关系时,在荧光屏上将能显示出所加正弦电压完整周期的波形图,正弦波电压波形如图 7-5 所示。X 为水平方向上显示一个周期的格数,Y 为竖直方向上显示波形电压峰-峰值 V_{PP} 的格数。计算波形的 V_{PP} 和 T 的方法:

$$V_{PP} = Y \times V/div, \quad T = X \times t/div$$

式中 Y 为波形在屏上所占垂直格数,X 为波形一个周期在屏上所占水平格数。注意要估读小格,VOLTS/DIV 和 A TIME/DIV 旋钮每一级对应一大格,每一大格分为 5 小格。

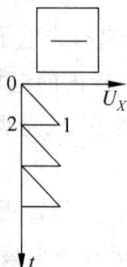

图 7-4　锯齿波电压(加在 X 偏转板)

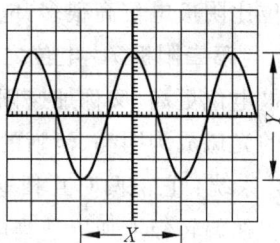

图 7-5　正弦波电压波形图

3. 同步原理

(1) 同步的概念:为了显示如图 7-6 所示的稳定波形,则要保证正弦波到 I_Y 点时,锯齿波正好到 I_X 点,从而亮点扫完了一个周期的正弦曲线。由于锯齿波这时马上复原,所以亮点又回到 A 点,再次重复这一过程,光点所画的轨迹和第一周期的完全重合,所以在屏上显示出一个稳定的波形,这就是所谓的同步。

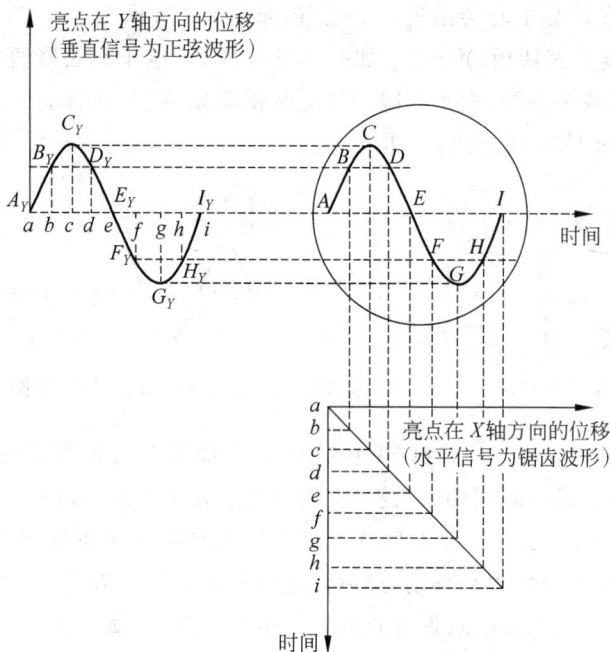

图 7-6　稳定波形显示原理

同步的一般条件为

$$T_X = nT_Y, \quad n = 1, 2, 3, \cdots$$

其中 T_X 为锯齿波周期,T_Y 为正弦周期。若 $n=3$,则能在屏上显示出三个完整周期的波形。

如果正弦波和锯齿波电压的周期稍微不同,屏上出现的是一移动着的不稳定波形。这种情况在示波器使用过程中经常会出现。其原因是扫描电压的周期与被测信号的周期不相等或不成整数倍,以致每次扫描开始时波形曲线上的起点均不一样所造成的。

(2)手动同步的调节:为了获得一定数量的稳定波形,示波器设有"扫描周期"(图 7-7 中 21)、"扫描微调"旋钮(图 7-7 中 17),用来调节锯齿波电压的周期 T_X,使之与被测信号的周期 T_Y 成整数倍关系,从而在示波器屏上得到所需数目的完整被测波形。

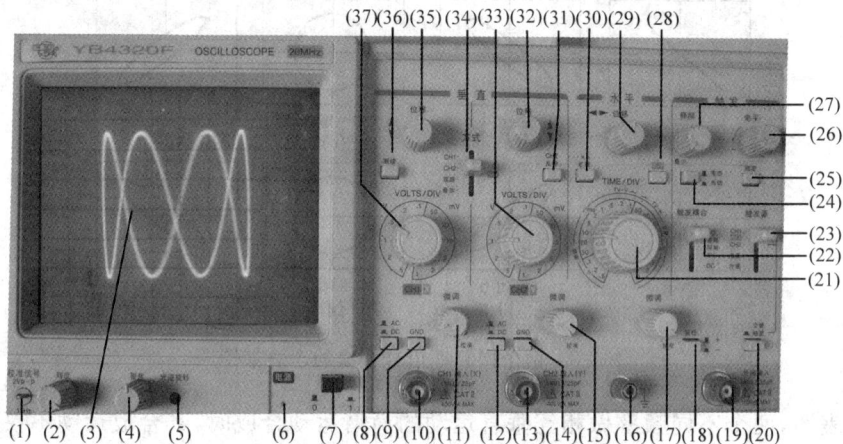

图 7-7 YB4320F 双踪示波器面板分布图

(3)自动触发同步调节:输入 Y 轴的被测信号与示波器内部的锯齿波电压是相互独立的。由于环境或其他因素的影响,它们的周期可能发生微小的改变。这时虽通过调节"扫描微调"旋钮(图 7-7 中 17)使它们之间的周期满足整数倍关系,但过了一会儿可能又会变,使波形无法稳定下来。这在观察高频信号时尤其明显。为此,示波器内设有触发同步电路,它从垂直放大电路中取出部分待测信号,输入到扫描发生器,迫使锯齿波与待测信号同步,此称为"内同步"。使用被测信号作为触发信号,是经常使用的一种触发方式。由于触发信号本身是被测信号的一部分,在屏幕上可以显示出非常稳定的波形。若同步信号是从仪器外部输入时,则称"外同步"。

操作时,首先选择触发源 CH2(图 7-7 中 23)、耦合方式 AC(图 7-7 中 22)使示波器处于待触发状态,然后使用"电平"(LEVEL)旋钮(图 7-7 中 26),改变触发电压大小,当待测信号电压上升到触发电平时,扫描发生器才开始扫描。当信号波形复杂,用电平旋钮不能稳定触发时,用释抑(图 7-7 中 27)旋钮调节波形的释抑时间,能使扫描与波形稳定同步。或按下"锁定"按钮(图 7-7 中 25),无论信号如何变化,触发电平自动保持在最佳位置,无需人工调节。或按下"自动"挡(图 7-7 中 24),不必调整电平旋钮(图 7-7 中 26),也能观察到稳定的波形。

4. 李萨如图形的原理

由于两个正弦电压信号分别加到偏转系统的 X 和 Y 两个相互垂直的方向,因此,亮点将在这两个电压信号的作用下同时做简谐运动,并且两个简谐运动的运动方向相互垂直。我们举最简单的情况即两个信号频率相同时来说明:

$$X = A_X \cos(\omega t + \varphi_X)$$

$$Y = A_Y \cos(\omega t + \varphi_Y)$$

整理后得

$$\frac{X^2}{A_X^2} + \frac{Y^2}{A_Y^2} - 2 \frac{XY}{A_X A_Y} \cos(\varphi_X - \varphi_Y) = \sin^2(\varphi_X - \varphi_Y)$$

由上式,可以求出两个信号在振幅不同、相位差取不同值时,光斑的轨迹为不同形状、不同绕向的椭圆轨迹,如图 7-8 所示。

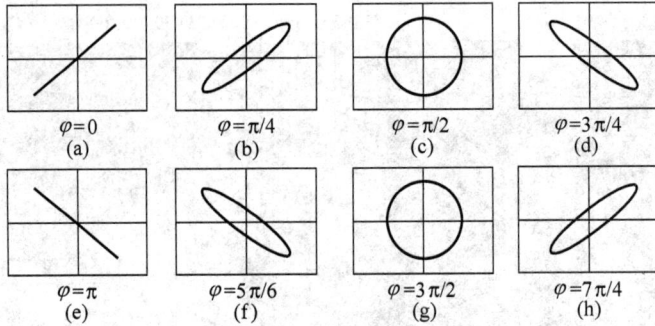

图 7-8　两个同频率信号合成的李萨如图

分析表明,两个不同频率做相互垂直运动的简谐运动合成时,其合成运动不仅与两分振动的频率有关,还与它们的初相位有关。但当两个振动频率成整数比的时候,亮点的运动是稳定的、封闭的曲线,我们称为李萨如图形。

如果作一个限制光点 X,Y 方向变化范围的假想方框,则图形与此框相切时,竖边的切点数 n_Y 与横边切点数 n_X 之比恰好等于 X 和 Y 输入的两正弦信号的频率之比,即

$$f_X : f_Y = n_Y : n_X$$

所以利用李萨如图形能方便地比较两正弦信号的频率,但若出现有端点与假想边框相接的图形时,应把一个端点各计为 $1/2$ 个切点。图 7-9 为频率比为 $1 : 1$、$1 : 2$、$1 : 3$、$1 : 4$ 时的李萨如图。

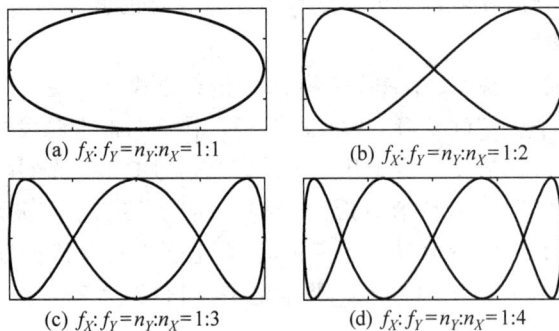

(a) $f_X : f_Y = n_Y : n_X = 1:1$　　(b) $f_X : f_Y = n_Y : n_X = 1:2$

(c) $f_X : f_Y = n_Y : n_X = 1:3$　　(d) $f_X : f_Y = n_Y : n_X = 1:4$

图 7-9　不同频率比的信号形成的李萨如图

【实验仪器】

YB4320F 双踪示波器(见图 7-7)、YB1634 功率函数信号发生器

【实验内容与步骤】

1. 校准示波器

(1) 示波器面板控制件的预置(表 7-1)

表 7-1　示波器面板控制件位置(以 CH1 为例)

面板控制件	状　态	面板控制件	状　态
辉度(2)	顺时针 1/3 处	触发源(23)	CH1
聚焦(4)	适中	触发方式(24)	按下
电源(7)	弹起	锁定(25)	按下
耦合开关(8)(12)	弹起	电平(26)	适中
接地开关(9)(14)	弹起	释抑(27)	逆时针旋到底
信号输入(10)(13)	空	$X-Y$ 控制键(28)	弹起
微调(11)(15)	顺时针转至校准位置	水平位移(29)	适中
微调(17)	顺时针转至校准位置	×5 扩展(30)	弹起
触发极性(18)	弹起	CH2 反相(31)	弹起
外端输入(19)	空	垂直位移(32)(35)	适中
交替触发(20)	弹起	衰减开关(33)(37)	0.5V/div 或 1V/div
TIME/DIV(21)	0.5ms/div	垂直方式(34)	CH1
触发耦合(22)	AC	断续(36)	弹起

(2) 打开电源开关(7),调节辉度(2)和聚焦旋钮(4),使光迹最细最清晰;调节 CH1 垂直位移(35)、水平位移(29)将扫线调到居中并与水平中心刻度平行。

(3) 将探极连线一端连接 CH1 输入端(10),另一端红色探极连接 $2V_{PP}$ 校准信号端(1)。调节 CH1 垂直位移和水平位移(35)、(29)到适中位置,调节衰减开关(37)和 TIME/DIV(21)选择合适大小方波波形,使显示的方波波形对准刻度线,最后读出电压幅度 V_{PP}(信号竖直方向的大小 Y 格)和周期 T 格(水平方向的大小 X 格)。**计算波形的 V_{PP} 和 T 的方法**:

$$V_{PP} = Y \times V/\mathrm{div}, \quad T = X \times t/\mathrm{div}$$

式中 Y 为波形在屏上所占垂直格数,X 为波形一个周期在屏上所占水平格数。注意要估读小格,VOLTS/DIV 和 A TIME/DIV 旋钮每一级对应一大格,每一大格分为 5 小格。

(4) 根据计算结果 V_{PP},T 与示波器本机校准信号(1)的 2V,1 kHz 对比,若与校准信号不同则适当调节微调旋钮(11)、(17),使方波波形的 V_{PP} 和 T 为 2 V,1 kHz 的校正波。在表 7-3 中记录波形数据,此后微调旋钮(11)、(17)不能再调。

2. 观测信号波形并测量电压峰-峰值和频率

(1) 信号发生器的调节(表 7-2)

(2) 用信号线一头连接信号发生器面板右下角的电压输出端口(VOLTAGE OUT),另一头连接示波器的 CH1 输入端(10),示波器的面板控制件位置同上。

表 7-2　测量电压峰-峰值和频率时面板控制件位置(其他键弹起)

面板控制件	位　置
波形选择开关(WAVE FORM)	按下任一键(正弦波、方波或锯齿波)
频率范围选择开关	按下 200 Hz 或 2 kHz 挡
频率调节旋钮(FREQUENCY)	调节输出信号的频率
幅度调节旋钮(AMPLITUDE)	调节输出信号幅度(不宜过小或过大)

(3) 选择不同波形、不同频率、不同幅度的信号进行观察和测量,测量方法同上。注意,测量时应调节示波器的 VOLTS/DIV(37)和 TIME/DIV(21)旋钮,至少要显示一个完整的波形,在表 7-3 中记录波形的幅值与周期。

3. 观绘李萨如图形

(1) 用两根信号线分别从两台信号发生器的电压输出端口(VOLTAGE OUT)连接到示波器的 CH1(X)输入端 10 和 CH2(Y)输入端(13),信号发生器的波形开关(WAVEFORM)置于"∽"正弦波。

(2) 示波器的垂直方式(34)置于"CH2/X-Y",触发源开关(23)置于"CH1/X-Y"。

(3) 按下示波器的 X-Y(28)键,分别观察 $f_Y : f_x = 1:1, 2:1, 4:1$ 的李萨如图形,描绘 $f_Y : f_x = 1:3$ 的李萨如图形。

【实验结果与数据处理】

1. 校准示波器,观察波形并记录与计算电压和频率的实验值。

表 7-3　校准示波器数据记录与处理参考表

测试波形	幅值			频率			
	Volts/div	Y 格数	V_{PP}	A Time/div	X 格数	T	f
校正波							
∿							
⊓⊔							
⋀⋁							

2. 在作图纸上描绘 $f_Y : f_X = 1 : 3$ 的李萨如图形。

【思考题】

1. 用李萨如图形测频率实验时,屏幕上图形在时刻转动,为什么?

2. 若被测信号幅度太大(在不引起仪器损坏的前提下)则在示波器上看到什么图形? 要完整显示,应如何调节?

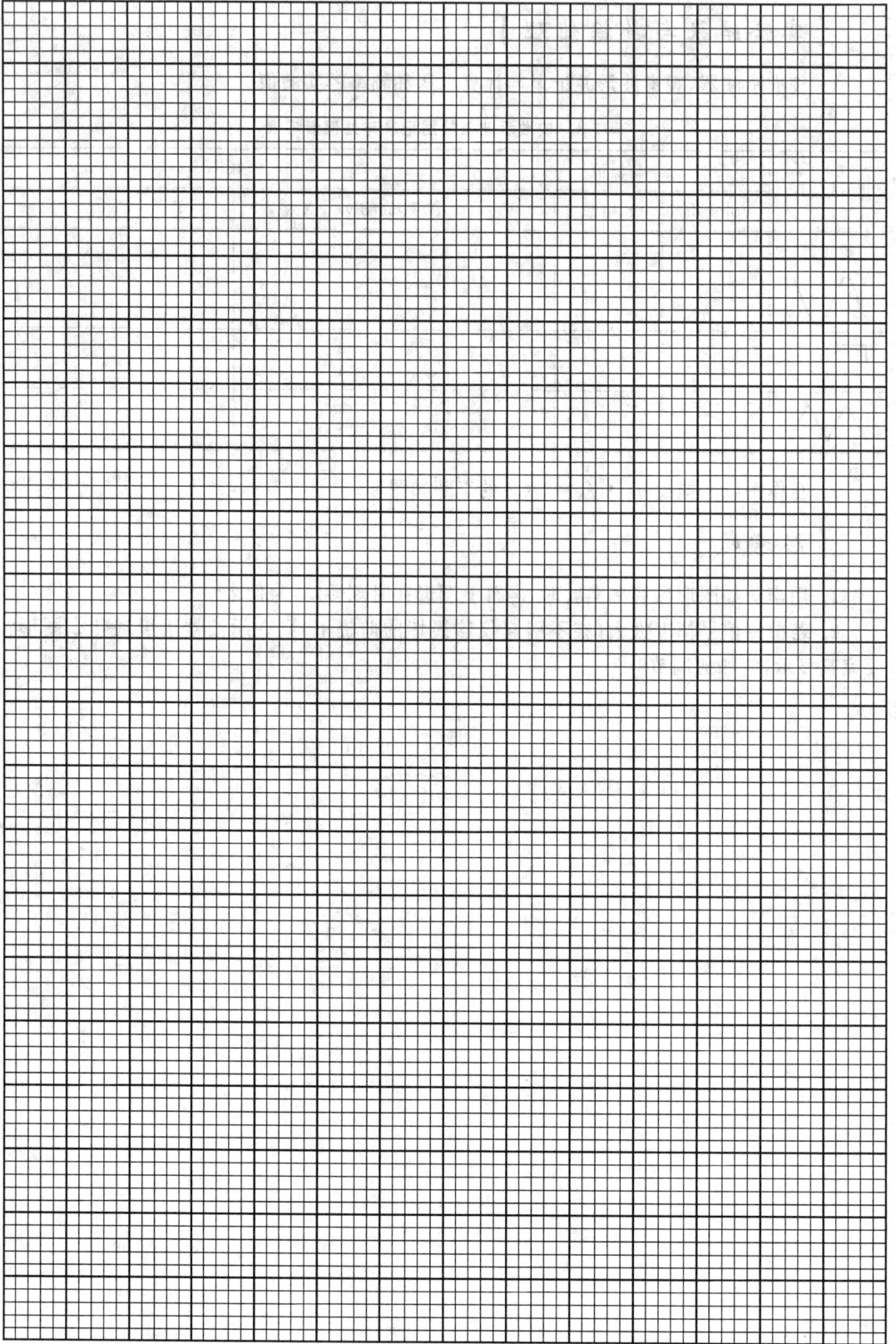

【附录】　YB4320F双踪示波器面板分布功能图（见图7-7）

1．主机电源

（7）电源开关：当此开关置"1"时，指示灯发绿光，经预热后仪器即可正常工作。

（6）电源指示灯：电源接通时指示灯亮。

（5）光迹旋转旋钮：由于磁场的作用，当光迹在水平方向轻微倾斜时，用该旋钮调节光迹，使之与水平刻度线平行。

（4）聚焦旋钮：用亮度控制钮将亮度调节至合适，然后调节聚焦控制钮直至轨迹达到最清晰。虽然调节亮度时聚焦可自动调节，但聚焦有时也会轻微变化。如果出现这种情况，需重新调节聚焦。

（3）显示屏：仪器的测量显示终端。

（2）辉度旋钮：顺时针方向转动辉度加亮，反之减弱，直至辉度消失。如光点长期停留在屏上不动时，应将辉度减弱或熄灭，以延长示波管的使用寿命。

（1）校准信号端子：提供 $2V_{PP}\pm2\%$ ，$1\,kHz\pm2\%$ 的方波作本机 X 轴、Y 轴校准用。

2．垂直方向部分

（8）、（12）耦合选择开关（AC—DC）：输入信号与放大器耦合方式的选择开关，AC：放大器的输入端与信号连接由电容器来耦合；DC：放大器的输入端与信号输入端直接耦合。

（9）、（14）接地开关：输入信号与放大器断开，并且放大器的输入端接地。

（10）CH1 INPUT（X）：Y1输入插座，在X-Y方式时输入端的信号成为 X 轴信号。

（11）、（15）垂直微调旋钮：用以连续改变垂直放大器的增益，当"微调"旋钮顺时针旋满至"关"位置时，即处于校准位置，增益最大。其微调范围大于 2.5 倍。

（13）CH2 INPUT（Y）：Y2输入插座，X-Y方式时为 Y 轴输入端。

（37）、（33）衰减器开关（VOLTS/DIV）：输入灵敏度自 $1\,mV/div$ 至 $5\,V/div$，按 1—2—5 进位分十二挡，可根据被测信号的电压幅度，选择适当的挡级位置以利观测。

（36）断续：CH1、CH2 二个通道按断续方式工作，断续频率为 $250\,kHz$，适用于显示较低频率信号波形。

（35）、（32）垂直移位：用以调节屏幕上光点或信号波形在垂直方向上的位置，顺时针方向转动，光点或信号波形向上移，反之向下移。

（34）垂直方式：选择垂直方向的工作方式：

CH1：屏幕上仅显示 CH1 的信号；CH2：屏幕上仅显示 CH2 的信号；

双踪：以交替或断续方式，同时显示 CH1 和 CH2 上的信号波形；

叠加：显示 CH1 和 CH2 输入信号的代数和。

（31）CH2 极性开关：按下时 CH2 显示反相电压值。

3．水平方向部分

（30）×5 扩展键：按下去时，扫描因数×5 扩展，扫描时间是 Time/Div 指示值的 1/5。

（29）水平位移：用以调节屏幕上光点或信号波形在水平方向的位置，顺时针方向转动，光点或信号波形向右移，反之向左移。

（28）X-Y 控制键：按下此键，CH1 为 X 轴输入端，CH2 为 Y 轴输入端。

（21）主扫描时间因数选择开关（TIME/DIV）：主扫描时间因数选择开关，扫描速率范

围为 $0.1\ \mu s \sim 0.5\ s/div$,按 1—2—5 进位分二十一挡。可根据被测信号频率的高低,选择适当的挡级,当扫描"微调"(17)旋钮位于校准位置(顺时针旋到底"关")时,t/div 挡级的标称值即可视为时基扫描速率。

(17)扫描微调控制键:用于连续调节时基扫描速率,当该旋钮顺时针方向旋至满度"关"位置,即处于"校准"状态。微调扫描的调节范围大于 2.5 倍。

4. 触发系统

(27)释抑:当波形复杂,用电平旋钮(26)不能稳定触发时,此旋钮能使波形稳定同步。

(26)触发电平旋钮:用于调节被测信号在某选定电平触发。

(25)电平锁定:无论信号如何变化,触发电平自动保持在最佳位置,无需人工调节。

(24)触发方式选择:

自动:在没有信号输入时,屏幕上仍然可以显示扫描基线;示波器根据被测信号的特点自动设置示波器使得波形能显示在示波器上。当被测信号频率高于 25 Hz 时,最常使用这种方式。"自动"挡不必调整电平旋钮,也能观察到稳定的波形,操作方便。

常态:有信号才能扫描,否则屏幕上无扫描线显示。当被测信号频率低于 25 Hz 时,必须使用这种方式。

(23)触发信号源选择开关:

CH1/X-Y:CH1 通道为触发信号,当工作在 X-Y 方式时,拨动开关应设置于此挡;

CH2:CH2 通道信号为触发信号;电源触发:电源为触发信号;

外触发:外触发输入端触发信号是外部信号,用于特殊信号的触发。

(22)触发耦合:根据被测信号的特点,用此开关选择触发信号的耦合方式。

交流(AC):这是交流耦合方式,触发信号通过交流耦合电路,排除了输入信号中直流成分的影响,可得到稳定的触发。

高频抑制:触发信号通过交流耦合电路和低通滤波器作用到触发电路,触发信号中的高频成分被抑制,只有低频信号部分能作用到触发电路。

电视(TV):TV 触发,以便于观察 TV 视频信号,触发信号经交流耦合通过触发电路,将电视信号送到同步分离电路,拾取同步信号作为触发扫描用,这样视频信号能稳定显示。TV-H 用于观察电视信号中行信号波形,TV-V:用于观察电视信号中场信号波形。注意:仅在触发信号为负同步信号时,TV-V 和 TV-H 同步。

直流(DC):触发信号被直接耦合到触发电路,当触发需要触发信号的直流部分或需要显示低频信号以及信号空占比很小时,使用此种方式。

(18)触发极性:触发极性选择,用于选择信号的上升沿和下降沿触发。

(19)外触发输入插座:用于外部触发信号的输入。

(20)交替触发:在双踪交替显示时,触发信号来自两个垂直通道,此方式可用于同时观察两路不相关信号。适用于显示较高频率信号波形。

实验八

空气中声速测量

声波是一种在弹性介质中传播的机械波，它是纵波，其振动方向与传播方向相平行。频率低于 20 Hz 的声波称为次声波；频率在 20 Hz～20 kHz 的声波可以被人听到，称为可闻声波；频率在 20 kHz 以上的声波称为超声波。声速与介质的特性及状态等因素有关，因此测量声速可以了解被测介质的特性或状态变化，因而有广泛的应用，如无损检测、测距和定位、测气体温度的瞬间变化、测液体的流速、测材料的杨氏模量等。

超声波具有波长短，易于定向发射等优点，在超声波段进行声速测量比较方便。本实验用压电陶瓷超声换能器来测定超声波在空气中的传播速度，它是非电量电测方法应用的一个例子。

【实验目的】

1. 了解声波在空气中传播速度与气体状态参量的关系；
2. 了解超声波产生和接收原理；
3. 学习用相位法测量超声波在空气中传播速度的方法。

【实验原理】

声波的传播速度 v 与声波频率 f 及波长 λ 的关系为

$$v = f\lambda \tag{8-1}$$

测出声波的频率和波长，就可以求出声速，其中超声波的频率可从信号发生器中的频率显示读出。为了测量声速，只需要测出超声波的波长即可，本实验用相位法测出超声波波长。

声速测定仪如图 8-1 所示。产生和接收超声波是用超声波传感器，其中的压电陶瓷晶片是传感器的核心，声速测量仪的发射器 S_1 和接收器 S_2 都是超声波传感器，如图 8-2 所示。当一交变正弦电压信号加在发射器 S_1 上时，由于压电晶片的逆压电效应，产生机械振动发出超声波。可移动的压电超声波接收器，由于压电晶片的正压电效应，将接收的声振动转化为电信号。本实验中压电陶瓷晶片的固有频率在 37 kHz 左右，当输入的正弦电压信号的频率调节到与此固有频率相同时，传感器发生共振，输出的超声波能量最大。因此，为了使实验现象明显，需要发射传感器达到共振。在 37 kHz 附近微调外加电信号的频率，当接收传感器输出的电信号幅度达到最大时，可以判断发射传感器已达到共振。

由超声信号源发出的电信号经两条通路分别传输（如图 8-2 所示），其中一路是直接送入示波器的 X 输入端（CH1 通道），另一路通过发射器 S_1 转化成超声波，经过一段空气的传播被接收器 S_2 接收后又转化成电信号，最后再送入示波器的 Y 输入端（CH2 通道）。

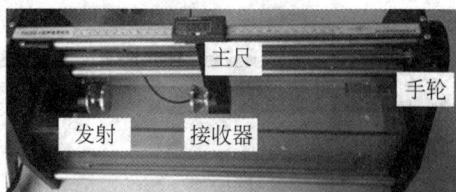

图 8-1 声速测定仪

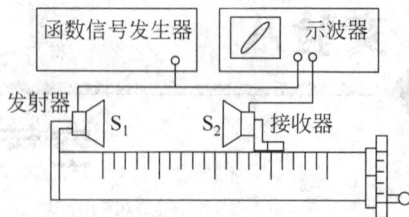

图 8-2 声速测量原理

根据振动和波的理论,设输入 X 输入端(CH1 通道)的入射波的声振动方程为

$$x = A_1 \cos(\omega t + \varphi_1) \tag{8-2}$$

若声波在空气中的波长为 λ,S_1 处和 S_2 处的声振动的相位差为

$$\Delta\varphi = \varphi_2 - \varphi_1 = -\frac{2\pi(x_2 - x_1)}{\lambda} \tag{8-3}$$

式中负号表示 S_2 处的相位比 S_1 处落后,其值取决于发射器与接收器之间的距离 $x_2 - x_1$。则声波沿波线传到接收器 S_2 处的声振动方程为

$$y = A_2 \cos(\omega t + \varphi_2) = A_2 \cos\left(\omega t + \varphi_1 - \frac{2\pi}{\lambda}(x_2 - x_1)\right) \tag{8-4}$$

示波器 X 和 Y 输入端的信号是两个频率相同而有一定相位差的正弦波,而荧光屏上光点的运动则是频率相同、振动方向相互垂直的两个简谐振动的合成运动而形成的李萨如图形,合成运动的轨迹方程为

$$\frac{x^2}{A_1^2} + \frac{y^2}{A_2^2} - \frac{2xy}{A_1 A_2}\cos(\varphi_1 - \varphi_2) = \sin^2(\varphi_2 - \varphi_1) \tag{8-5}$$

该方程是椭圆方程,椭圆的图形由相位差 $\Delta\varphi$ 决定。

图 8-3 给出了相位差从 $0 \sim 2\pi$ 之间几个特殊值的图形。由式(8-5)可知:当 $\varphi_2 - \varphi_1 = 0$ 时,示波器上合振动为处于第一、三象限的直线段;当 $\varphi_2 - \varphi_1 = \pi/2$ 时,示波器上合振动为一椭圆;当 $\varphi_2 - \varphi_1 = \pi$ 时,示波器上合振动为处于第二、四象限的直线段;当 $\varphi_2 - \varphi_1 = 3\pi/2$ 时,示波器上合振动为一椭圆,当 $\varphi_2 - \varphi_1 = 2\pi$ 时,示波器上合振动为处于第一、三象限的直线段。

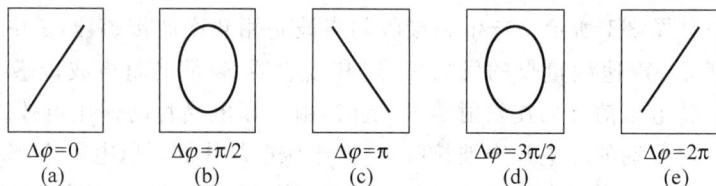

| $\Delta\varphi = 0$ | $\Delta\varphi = \pi/2$ | $\Delta\varphi = \pi$ | $\Delta\varphi = 3\pi/2$ | $\Delta\varphi = 2\pi$ |
| (a) | (b) | (c) | (d) | (e) |

图 8-3 同频率垂直振动合成的李萨如图形

假如初始时图形如 8-3(a)图,由式(8-4)可知,接收器移动距离为半波长 $\lambda/2$ 时,图形变化如图 8-3(c)所示,接收器移动距离为一个波长 λ 时,图形变化如图 8-3(e)所示,所以通过对李萨如图形的观测,就能确定声波的波长。在两个信号同相或反相时呈斜直线来判断相位差的大小,其优点是斜直线情况判断相位差最为敏锐。将正弦电压信号加在发射器上的

同时接入示波器的 X 输入端,将接收器接收到的电振动信号接到示波器的 Y 输入端,合成李萨如图形就可以根据图 8-3 中的情况判断相位差了。

声速的理论值为 $v_t = \sqrt{\gamma RT/\mu}$,式中,$\gamma$ 为空气比定压热容与比定容热容之比,R 为摩尔气体常数,μ 为气体的摩尔质量,T 为绝对温度。在 0℃时,声速 $v_0 = 331.45$ m/s。声速的大小与声波的频率无关,仅决定于介质的性质,温度是影响空气中声速的主要因素,在忽略湿度等因素影响下,在 t℃时声速为

$$v_t = v_0 \sqrt{\frac{T}{273.15}} = v_0 \sqrt{1 + \frac{t}{273.15}} \tag{8-6}$$

【实验仪器】

声速测定仪(图 8-1)、示波器、函数信号发生器、温度计(公用)、信号线。

1. 声速测量仪:由发射器、接收器、主尺和带刻度手轮组成。当一交变正弦电压信号加在发射器上时,由于压电晶片的逆压电效应,产生机械振动发生超声波。可移动的接收器,将接收的声振动转化为电振动信号输至示波器。转动手轮可移动接收器,接收器位置由主尺上的读数与手轮上的读数之和决定。

2. 信号发生器:它是一种多功能信号发生器,可以输出正弦波、方波、三角波三种波形的交变信号,信号频率范围为 10 Hz～2 000 kHz,既可分挡调节,又可连续调节。连续调节又分粗调和细调两挡,需要很准确的频率时,可用频率微调。信号幅度可连续调节。

【注意事项】

1. 实验过程中,勿将声速测定仪的发射器与接收器靠得过近,以免损坏仪器,测量时尽量使二者由近及远地进行测量;

2. 测量过程中,不能将声速测定仪的手轮倒转,以免产生回程差;

3. 声速测定仪的读数装置的读数原理与螺旋测微器类似,可以准确到 0.01 mm,还要再估读一位数字。

【实验内容与步骤】

1. 连接电路,信号发生器面板右下角的**输出端**接声速测量仪的输入端,声速测量仪输出端(1)接示波器的 X 轴输入端(CH1),声速测量仪输出端(2)接示波器的 Y 轴输入端(CH2)。

2. 开启示波器和信号发生器。将示波器的垂直方式开关置于蓝色的"X-Y"挡,触发源开关置于蓝色的"X-Y"挡,按下蓝色的"X-Y"控制键;将信号发生器置于正弦波输出,其频率范围置于 200 kHz 挡,在 37 kHz 附近微调频率,使接收器输出信号最大,在表 8-1 前面记录此时的频率读数。

3. 调节示波器上的 X 轴、Y 轴衰减开关(VOLTS/DIV),可改变李萨如图形的形状。

4. 移动接收器使它靠近发射器,然后缓慢向外移动,直至示波器上的李萨如图形呈现一条斜直线为止,记下接收器的位置 x_0,继续缓慢向外移动,直至示波器上又一次呈现方位不同的斜直线,记下位置 x_1,连续测 10 个数据 $x_0, x_1, x_2, \cdots, x_9$。

5. 为了减小误差,可采用逐差法处理数据。用逐差法计算出声波波长的平均值 $\bar{\lambda}$,计算

出声速的实验值。

6. 在公用温度计上读出当时的室温，填入表 8-1，计算出该温度下的声速理论值

$$v_{理} = 331.5\sqrt{1 + \frac{t}{T_0}}$$

7. 计算本实验测量的不确定度及百分误差。

【实验结果与数据处理】

1. 用逐差法处理数据求波长。

表 8-1 测量波长的数据记录与处理参考表

输入频率:_____ 环境温度:_____

位置	x_0	x_1	x_2	x_3	x_4	x_5	x_6	x_7	x_8	x_9
	\	/	\	/	\	/	\	/	\	/
标尺读数/mm										
$\Delta x = \dfrac{x_{i+5}-x}{5}$	$(x_5-x_0)/5$		$(x_6-x_1)/5$		$(x_7-x_2)/5$		$(x_8-x_3)/5$		$(x_9-x_4)/5$	
	$\lambda = 2\,\overline{\Delta x} = $ _____				$\Delta_\lambda = 2\Delta_{\Delta x} = \sqrt{\dfrac{\sum(\Delta x_i - \overline{\Delta x})^2}{n-1}} = $ _____					

2. 数据处理。

表 8-2 实验结果处理参考表

频率 不确定度 Δ_f	波长 不确定度 Δ_λ	声速实验值 $v_{实} = f\lambda$	声速 不确定度 Δ_v	声速 $v_{实} \pm \Delta_v$	声速理论值 $v_{理}$	百分误差 $\dfrac{\lvert v_{实} - v_{理}\rvert}{v_{理}} \times 100\%$
100 Hz						

注:$v_{理} = 331.5\sqrt{1 + \dfrac{t}{T_0}}$ $\Delta_v = V_{实}\sqrt{\left(\dfrac{\Delta f}{f}\right)^2 + \left(\dfrac{\Delta\lambda}{\lambda}\right)^2}$

【思考题】

1. 实验时为什么要找到压电陶瓷换能器的最佳工作点,怎么调整其最佳工作点?
2. 用"相位比较法"测声速时,为什么只有当李萨如图为直线时才读数?

【附录】

测量声速的公式为

$$v = f\lambda$$

根据不确定度传递公式，可以导出声速不确定度的表达式如下：

$$\Delta_v = \sqrt{\frac{\partial v}{\partial f}\Delta_f^2 + \frac{\partial v}{\partial \lambda}\Delta_\lambda^2} = \sqrt{\lambda^2\Delta_f^2 + f^2\Delta_\lambda^2}$$

$$= f\lambda \cdot \sqrt{\left(\frac{\Delta_f}{f}\right)^2 + \left(\frac{\Delta_\lambda}{\lambda}\right)^2}$$

$$= v_{实}\sqrt{\left(\frac{\Delta_f}{f}\right)^2 + \left(\frac{\Delta_\lambda}{\lambda}\right)^2}$$

实验九

霍尔效应测直流圆线圈与亥姆赫兹线圈轴线上的磁场

在工业、国防、科研中都需要对磁场进行测量,测量磁场的方法有很多,如冲击电流计法、霍尔效应法、核磁共振法、电磁感应法、天平法等。本实验介绍霍尔效应法测量磁场,它具有测量原理简单,测量方法简便及测试灵敏度高等优点。本实验所使用的亥姆霍兹线圈在物理研究中有许多应用,如产生磁共振、消除地磁的影响等。在获得 1997 年诺贝尔物理奖的实验中,就有若干对这种线圈,因此熟悉这种线圈产生的磁场是很有意义的。

【实验目的】

1. 了解用霍尔传感器测量磁场的原理;
2. 了解直流圆线圈的径向磁场分布情况;
3. 测量直流圆线圈和亥姆霍兹线圈轴线上的磁场分布。

【实验原理】

1. 霍尔传感器测磁场的原理

将通有电流 I 的导体置于磁场中,则在垂直于电流 I 和磁场 B 方向上将产生一个附加电势差 U_H,这一现象称为霍尔效应,U_H 称为霍尔电压。

如图 9-1 所示,设霍尔元件是由均匀的 N 型(载流子是电子)半导体材料制成的矩形薄片,其厚度为 d,宽度为 b。当磁场 B 垂直纸面向外,电流 I 通过霍尔元件时,电子在磁场中必将受到一个洛伦兹力:

$$f_B = evB \qquad (9\text{-}1)$$

式中 e 为电子电量。洛伦兹力使电子产生横向的偏转并聚集于样品边界,而聚集的电子将产生一个横向电场 E,直到电场对电子的作用力 $f_E = eE$ 与磁场洛伦兹力相抵消为止,即

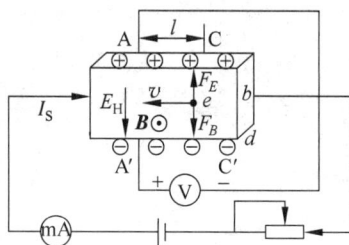

图 9-1 霍尔效应原理

$$evB = eE \qquad (9\text{-}2)$$

这时电荷在样品中流动时不再偏转,霍尔电压($U_H = Eb$)就是由这个电场建立起来的。

如果是 P 型样品,则横向电场与前者相反,所以 P 型样品和 N 型样品的霍尔电压有不同的符号,据此可以判断霍尔元件的导电类型。

设 N 型样品的载流子密度为 n，通过样品的电流 $I=nevdb$，则电子的漂移速率 $v=I/nedb$，另由 $E=U_H/b$ 代入 (9-2) 式有

$$U_H = \frac{IB}{ned} \tag{9-3}$$

其中 $R_H=\dfrac{1}{ne}$ 称为霍尔系数，代入 (9-3) 式中，写成

$$U_H = K_H I B \tag{9-4}$$

比例系数 $K_H=R_H/d=1/ned$，称为霍尔传感器的灵敏度，单位为 $mV/(mA \cdot T)$。一般要求 K_H 愈大愈好。从 (9-4) 式看出：K_H 与载流子数密度 n 成反比，半导体内载流子数密度远比金属载流子数密度小，所以通常都用半导体材料作为霍尔元件；K_H 与材料片厚 d 成反比，为了增大 K_H 值，霍尔传感器都做得很薄，一般只有 0.02 mm 厚。由 (9-4) 式可以看出，知道了霍尔传感器的灵敏度 K_H，只要分别测出霍尔电流 I 及霍尔电压 U_H 就可以算出磁场 B 的大小，这就是霍尔传感器测量磁场的原理。由此生产的霍尔式传感器称为特斯拉计。

2. 直流圆线圈轴线上的磁场

一半径为 R 的圆线圈，通以直流电流 I，其轴线上离圆线圈中心距离为 x m 处的磁感应强度 B 的表达式为

$$B = \frac{\mu_0 N_0 I R^2}{2(R^2 + x^2)^{3/2}} \tag{9-5}$$

式中 N_0 为圆线圈的匝数，x 为轴上某一点到圆心 O' 的距离，$\mu_0=4\pi\times10^{-7} H/m$，磁场大小的分布如图 9-2 所示，是一条单峰的关于 B 轴对称的曲线。

本实验中 $N_0=400$ 匝，$I_0=0.400$ A，$R=0.100$ m，由此可得圆心 O' 处（$x=0$）磁感应强度 $B=1.01\times10^{-3} T$。

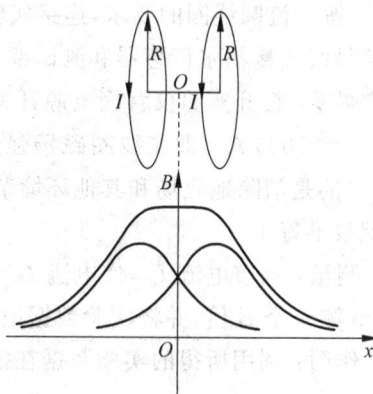

3. 亥姆赫兹线圈轴线上的磁场

亥姆赫兹线圈是一对彼此平行且连通的共轴圆线圈，两线圈内电流方向一致，大小相同，线圈距离正好等于线圈半径 R。这种线圈的特点是能在公共轴线中心附近产生较广的均匀磁场区域，如图 9-3 所示。

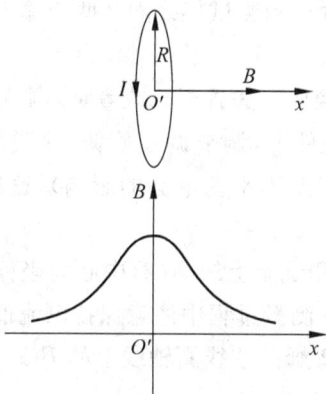

图 9-2　直流圆线圈轴线上磁场分布　　　图 9-3　亥姆赫兹线圈轴线上磁场分布

【实验仪器】

FB511 型霍尔法亥姆赫兹线圈磁场实验仪，如图 9-4 所示。

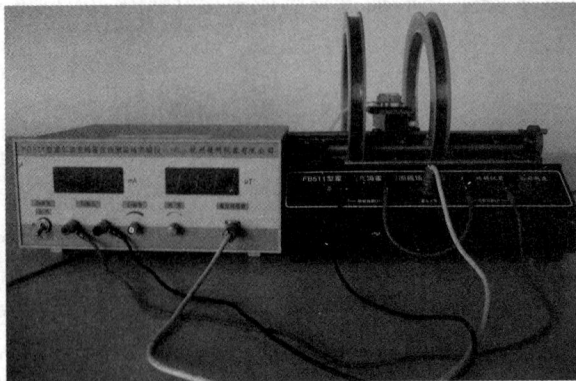

图 9-4　FB511 型霍尔法亥姆赫兹线圈磁场实验仪

【注意事项】

1. 集成霍尔传感器探头固定在测试架移动平台上。出厂时霍尔片平面已调到与线圈轴线垂直。由于每只集成霍尔传感器的参数不可能完全一样,所以每套仪器的集成霍尔传感器探头是编号的,**出厂时已配对调好切不可互换**,否则会造成磁场测量结果不准确。

2. 测试架左边的线圈为固定线圈,固定在刻度尺零点(即 0 cm 处),右边的为可动线圈。移动可动线圈的方法是:先松开固定线圈用的两个滚花螺栓,再把线圈平行移动到合适的位置(直流线圈时为 $1/2R$ 处,亥姆赫兹线圈时为 R 处)。

3. 在测量直流圆线圈和亥姆赫兹线圈磁场前都要进行仔细调零。

【实验内容与步骤】

1. 测量直流圆线圈轴线上磁场的分布

(1) 连线:将测试架上右边的可动线圈 2 平行移动到测试平台水平刻度尺为 5 cm 处(即 $1/2R$ 处),按直流圆线圈的要求,连接实验仪电流 I_M 输出到测试架线圈 2 两个输入端口,用传感器信号线连接霍尔传感器和测试架霍尔元件端口。

(2) 调零:打开实验仪背面电源开关,将电流 I_M 换向开关置于正或者负,调节电流 I_M,使电流 $I_M=0.000$ A。即在线圈磁场强度等于零的条件下,调节调零旋钮,使磁场显示为 000 μT(目的是消除地磁场和其他环境杂散干扰磁场以及不平衡电势的影响),这样霍尔式传感器就校准好了。

(3) 测量:调节电流 I_M,使电流 $I_M=0.400$ A,以测试架上线圈(2)中心为坐标原点,每隔 1.0 cm 测一个 B 值,并将实验数据记录到表 9-1 中(测量过程中注意保持电流值不变)。

(4) 作图:利用所得的实验数据在坐标纸上画出亥姆赫兹线圈轴线上的 B-x 实验和理论曲线。

2. 测量亥姆赫兹线圈轴线上磁场的分布

(1) 连线:断开电流 I_M 换向开关,将测试架上右边的可动线圈(2)移到测试平台水平刻度尺为 10 cm 处(即 R 处),使两线圈的距离为 R,这时两个圆线圈中心连线的几何中心在测试平台水平刻度尺 5 cm 处。把两个圆线圈串联起来(注意极性不要接反),接到磁场测试

仪的电流 I_M 输出端钮处。

（2）调零：打开实验仪背面电源开关，同上步骤进行重新调零。

（3）测量：接通电流 I_M 换向开关，调节电流 I_M，使电流 $I_M = 0.400$ A。以两个圆线圈中心连线上的中点（刻度尺 5 cm 处）为坐标原点，每隔 1.0 cm 测一个 B 值，并将实验数据记录到表 9-2 中。

（4）作图：利用所得的实验数据在坐标纸上画出亥姆赫兹线圈轴线上的 B-x 曲线。

【实验结果与数据处理】

1. 直流圆线圈轴线上磁场分布。

以直流圆线圈中心为坐标原点,在同一坐标纸上画出 B-x 实验曲线与理论曲线。

表 9-1　直流圆线圈轴线上磁场数据记录与处理参考表

霍尔传感器坐标 $x/10^{-2}$ m	−7	−6	−5	−4	−3	−2	−1	0	1	2	3	4
轴向距离 $x/10^{-2}$ m	−12.0	−11.0	−10.0	−9.0	−8.0	−7.0	−6.0	−5.0	−4.0	−3.0	−2.0	−1.0
磁感应强度 B/μT												
$B=\dfrac{\mu_0 N_0 I R^2}{2(R^2+x^2)^{3/2}}/\mu$T	263	306	355	413	478	553	634	719	805	883	948	990
相对误差/%												
霍尔传感器坐标 $x/10^{-2}$ m	5	6	7	8	9	10	11	12	13	14	15	16
轴向距离 $x/10^{-2}$ m	0	1.0	2.0	3.0	4.0	5.0	6.0	7.0	8.0	9.0	10.0	11.0
磁感应强度 B/μT												
$B=\dfrac{\mu_0 N_0 I R^2}{2(R^2+x^2)^{3/2}}/\mu$T	1005	990	948	883	805	719	634	553	478	413	355	306
相对误差/%												

2. 亥姆赫兹线圈轴线上的磁场分布。

设两线圈圆心连线中点为坐标原点,在坐标纸上画出 B-x 实验曲线。

表 9-2　亥姆赫兹线圈轴线上磁场数据记录与处理参考表

霍尔传感器坐标 $x/10^{-2}$ m	−7	−6	−5	−4	−3	−2	−1	0	1	2	3	4
轴向距离 $x/10^{-2}$ m	−12.0	−11.0	−10.0	−9.0	−8.0	−7.0	−6.0	−5.0	−4.0	−3.0	−2.0	−1.0
磁感应强度 B/μT												
霍尔传感器坐标 $x/10^{-2}$ m	5	6	7	8	9	10	11	12	13	14	15	16
轴向距离 $x/10^{-2}$ m	0	1	2	3	4	5	6	7	8	9	10	11
磁感应强度 B/μT												

【思考题】

载流圆线圈中电流产生的磁场有什么特点? 亥姆赫兹线圈中电流产生的磁场有什么特点?

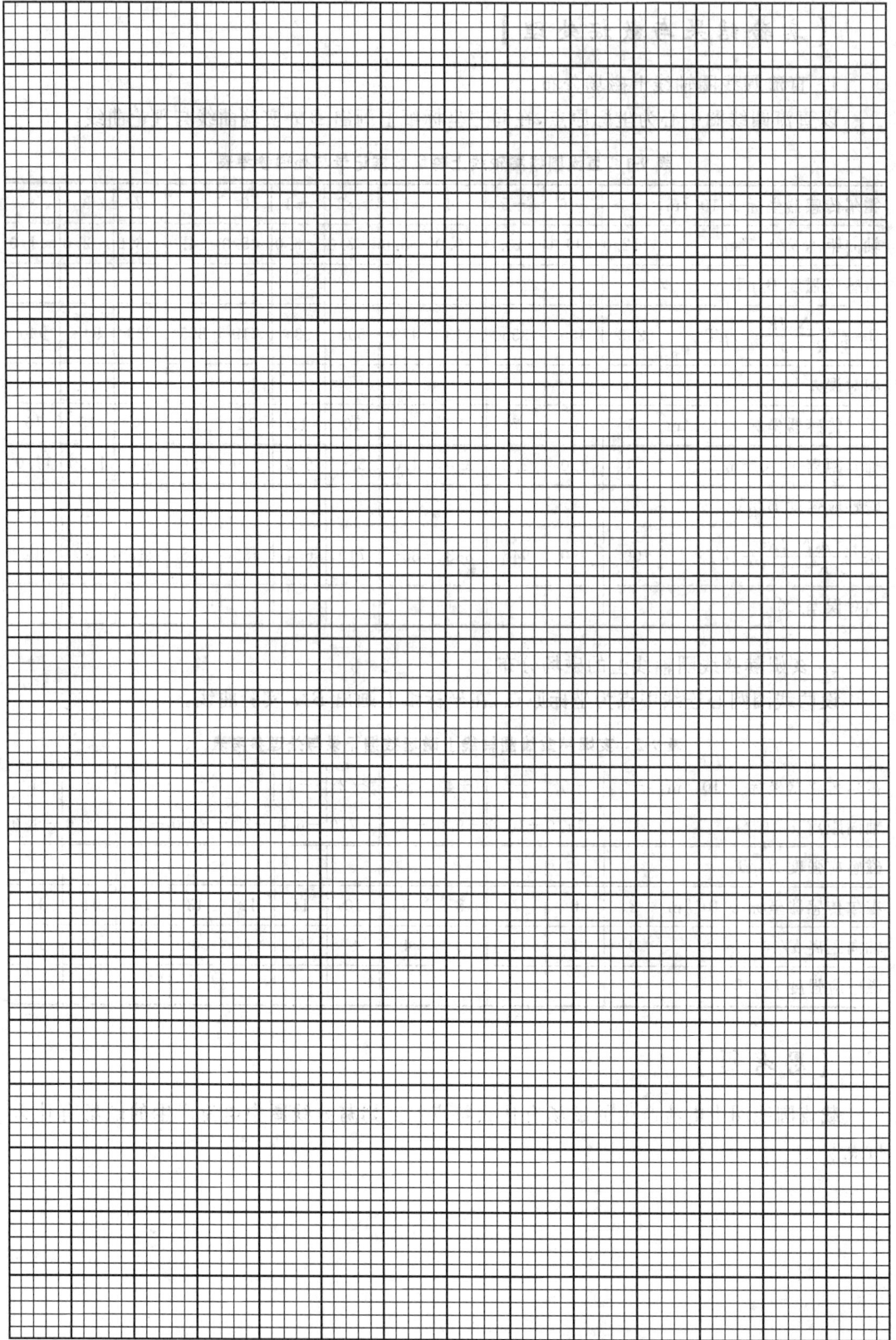

【附录】

用 Excel 中的"图表向导"工具,做出 $B\text{-}x$ 实验曲线与理论曲线步骤:

(1) 选定数据表中包含所需数据的所有单元格。

(2) 单击工具栏中的"▥"或点击菜单栏中的"插入(I)",选定"▥图表(H)…"栏,进入"图表向导-4 步骤 1"的对话框,选出希望得到的图表类型。如 XY 散点图中的平滑线散点图,再单击"下一步"按其要求完成本对话框内容的输入,最后单击"完成",便可得到所要图表。

实验十

补偿法校验电流表

补偿法在电测量技术中经常用到,如在一些自动测量和控制系统中常用到电压补偿电路。它的原理是使被测电压和一已知电压相互抵消(即达到平衡),其准确度可以高达0.001%。电位差计是补偿法的典型应用,它是补偿原理和比较法精确测量直流电位差或电源电动势的常用仪器,它准确度高、使用方便、测量结果稳定可靠,它还可以用来测量所有可以变换为电压的物理量,如电流、电阻、温度、压力、位移、速度等。另外,它在非电参量的电测法中也占有重要地位。

【实验目的】

1. 掌握补偿法测电动势的基本原理;
2. 用 UJ-31 型低电势电位差计校验电流表。

【实验原理】

1. 补偿原理

图 10-1 中用已知可调的电信号 E_0 去抵消未知被测电信号 E_x。当完全抵消时(检流计 G 指零),可知信号 E_0 的大小就是被测信号 E_x 的大小,此方法称为补偿法。

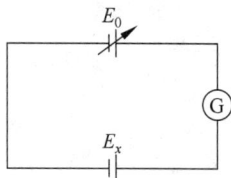

2. 电位差计的原理

图 10-2 是 UJ-31 型电位差计的原理简图。UJ-31 型电位差计是一种测量直流低电位差的仪器,量程分为 17 mV(最小分度 1 μV,倍率开关 K_1 旋至 ×1)和 170 μV(最小分度 10 μV,倍率开关 K_1 旋至 ×10)。该电路共有 3 个回路组成:①工作回路,②校验回路,③测量回路。

图 10-1 补偿原理

本实验第一步:根据补偿原理,利用工作回路和校验回路,使工作回路的工作电流为标准电流 $I_0 = 10$ mA;第二步:在已经获得了标准电流 $I_0 = 10$ mA 的基础上,利用工作回路和测量回路,对电流表进行校验。

(1) 获得一个"标准"工作电流 $I_0 = 10$ mA。如图 10-2,首先将开关 S 合向"标准"处(将工作回路和校验回路接通),接通 K_G。在电路中,E_N 为标准电动势 1.018 6 V。实验中,我们设置 $R_N = 101.86$ Ω,显然,只有工作回路电流为 $I_0 = 10$ mA 时,电阻 R_N 上的电压才能是 1.018 6 V,才能与标准电动势 E_N "补偿"而使检流计指针指零。调节工作回路中的"粗"、"中"、"细"三个电阻来改变回路的电流,很显然当检流计 G 指零时,有

$$E_N = I_0 R_N \Rightarrow I_0 = \frac{E_N}{R_N} = 10 \text{ mA} \tag{10-1}$$

于是,在工作回路中获得了标准电流 $I_0 = 10$ mA。

(2) 校验电流表。将开关 S 合向"未知"处,接通 K_G,图 10-2 中 E_x 代表未知待测电动势。保持 $I_0 = 10$ mA,调节 R_x 使检流计 G 指零,则有

$$E_x = I_0 R_x \tag{10-2}$$

$I_0 R_x$ 是测量回路中一段电阻上的分压,称为"补偿电压"。当被测电压 E_x 与补偿电压极性相反、大小相等时,检流计指零,继而测出一个未知电动势。

本实验中,图 10-3 中标准电阻 R_0 两端 P_1, P_2 的电压,即相当于图 10-2 中的未知电压 E_x。图 10-3 中有一个待校验电流表,调节图 10-3 中的滑动变阻器,使待校验电流表显示某一个数值 I_j'。注意,这个显示值是待校验的,而我们的目的就是要校验这个电流表!在标准电阻 R_0 上的电压可以通过补偿法准确地读出来,这是因为:在上一个步骤中,我们已经做到了使工作电路中电流为 $I_0 = 10$ mA,现只需要读出 R_x 的阻值,其上的电压为

$$E_x = I_0 R_x \tag{10-3}$$

这个电压即为标准电阻 R_0 的 P_1, P_2 两端的电压,待校验电流表通过的电流的真实值为

$$I_j = \frac{E_x}{R_0} \tag{10-4}$$

最后,通过比较电流表的显示值 I_j' 和真实值 I_j(见表 10-1),来对待校验电流表进行校验。

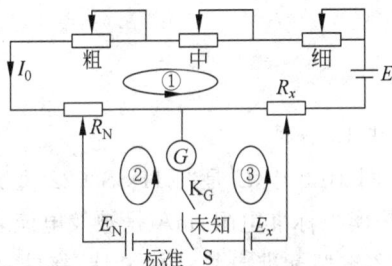

图 10-2 电位差计原理图　　　　图 10-3 电流表校验电路

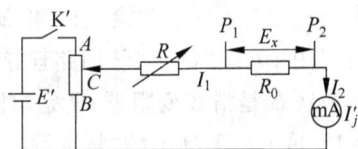

补偿法具有以下优点:

(1) 电位差计是一电阻分压装置,它将被测电压 E_x 和一标准电动势接近,直接加以并列比较。E_x 的值仅取决于电阻及标准电动势,因而能够达到较高的测量准确度。

(2) 上述"校验"和"测量"两步骤中,检流计两次均指零,表明测量时既不从标准回路内的标准电动势源(通常用标准电池)中也不从测量回路中吸取电流。因此,不改变被测回路的原有状态及电压等参量,同时可避免测量回路导线电阻,标准电阻的内阻及被测回路等效内阻等对测量准确度的影响,这是补偿法测量准确度较高的另一个原因。

3. 电流表的校验

所谓校验是使被校电流表与标准电流表同时测量一定的电流,看其指示值与相应的标准值(从标准电表读出)相符的程度。校验的结果得到电表各个刻度的绝对误差。选取其中最大的绝对误差除以量程,即得该电表的标称误差,即

$$标称误差 = \frac{最大绝对误差}{量程} \times 100\% \tag{10-5}$$

根据标称误差的大小,将电表分为不同的等级,常记为 δ。例如,若 $0.5\%<$ 标称误差 $\leqslant$ 1.0%,则该电表的等级为 1.0 级。

【实验仪器】

UJ-31 型电位差计(图 10-4)、毫安表、检流计、直流稳压电源、滑线变阻器、模拟标准电阻、导线、电键、标准电源电动势。

图 10-4   UJ-31 型电位差计

【实验内容与步骤】

1. 先将检流计"AC5 型检流计"电源打开,预热 15 分钟。

2. 按照图 10-2 中的①、②回路连接好电路。图 10-3 中 E' 是"TH-SS3022 型数显直流稳压电源";ACB 是滑线变阻器;R 是电阻箱;R_0 是模拟标准电阻;mA 是被校电流表。

如图 10-4,电位差计上的"标准"接线柱接 FB204 型标准电势;"检流计"接线柱接 AC5 型检流计;"5.7-6.4"接线柱接晶体管稳压电源;"未知 1"接线柱接模拟标准电阻(注意各接线柱的极性不能接反)。

3. AC5 型检流计调零。将开关打到"调零"处,调节"调零"旋钮,直到指针指零,再将开关打到"1 μA"处。

4. 校验电位差计。先将电阻 R_N 设置为 $R_N=101.86\ \Omega$,就是将电位差计板面上 R_N 置于 $1.018\ 6$ V 处;倍率开关置于×10 挡(不能置于中间空挡处),转换开关 S 置于"标准",检流计开关 K_G(粗、细、短路)都弹起。然后,开启晶体管稳压电源和 FB204 型标准电势,按"粗、中、细"顺序调节电位器,直至检流计指零,此时,$I_0=10$ mA。以后不得再动"粗、中、细"电位器。关闭 FB204 型标准电势。(工作电流校验后开关置于"断"挡!)

5. 校验电流表

(1) 首先,开启 E'——TH-SS3022 型数显直流稳压电源,输出电压调至 6 V。若被校电流表量程为 100 mA,则 R_0——模拟标准电阻设为 1 Ω,R——电阻箱设为 50 Ω;若被校电流表量程为 100 μA,则 R_0 设为 1 kΩ,R 设为 40 kΩ。滑线变阻器 ACB 触头移至 B 处。

(2) 然后闭合开关 K',移动滑线变阻器触头,调节被检电流值 $I'_j=20$ mA,将转换开关

S 置于测量回路"未知1",开始测量。按照"×1、×0.1、×0.001"的顺序调节测量盘,检流计指零,将三个测量盘上的读数相加即为 R_0 两端的电压。根据欧姆定理求出流经被校电流表的电流大小 I_j。用同样的方法依次校验 40 mA,60 mA,80 mA,100 mA;100 mA,80 mA,60 mA,40 mA,20 mA。(注意 R_0 的正负端,千万不能接错! 每次改变被校电流值 I_j' 时,转换开关 S 必须置于"断"挡!)。

(3) 将测量数据填入表格,并计算 $\Delta I_j = I_j' - I_j$。

(4) 在坐标纸上画出 ΔI_j-I_j' 折线图。以后使用这个电表时,根据校验曲线可以修正电表的读数。

(5) 从 ΔI_j 中找出绝对值最大的一个 $\Delta I_{j_{\max}}$,从其绝对值 $|\Delta I_{j_{\max}}|$ 算出被校表的最大基本误差 $|\Delta I_{j_{\max}}|/I_m$,$I_m$ 是电流表的量程。校验电表的首要任务是:根据 $|\Delta I_{j_{\max}}|/I_m$ 是否不大于表的基本误差极限(准确度等级指数 $\delta/100$),得出被校表是否"合格"的结论。

(6) 估算电表校验装置的误差,并判断它是否小于电表基本误差极限的 1/3$\left(\text{即} \frac{1}{3} \times (\delta\%)\right)$,进而得出校验装置是否合理的初步结论。

【实验结果与数据处理】

1. 数据记录及处理。

电位差计倍率：×10 $\Delta U =$ _____ μV   被校电流表量程：_____

被校电流表精度等级 δ：_____ $E_N = 1.0186\,V, R_0 =$ _____ $\Omega, \Delta_{R_0}/R_0 = 0.01\%$

表 10-1 数据记录及处理参考表

被检表示值 I'_j/mA	U_x 读数/mV			电流表实际值 $I_j = \left(\dfrac{\overline{U}_x}{R_0}\right)$/mA	$(\Delta I_j = I'_j - I_j)$/mA
	增加	减少	平均		
20.0					
40.0					
60.0					
80.0					
100.0					

2. 判断电流表是否合格：$(\mid\Delta I_{j_{max}}\mid/I_m)$ 值与 δ% 比较得出结论（注：前者小于后者为合格，反之为不合格）。

3. 估算电表校验装置误差：

$$\frac{\Delta_I}{I} = \sqrt{\left(\frac{\Delta_{U_x}}{U_x}\right)^2 + \left(\frac{\Delta_{R_0}}{R_0}\right)^2} = \sqrt{\left(\frac{\Delta U}{\overline{U}_x\mid_{min}}\right)^2 + \left(\frac{\Delta_{R_0}}{R_0}\right)^2} = \underline{\qquad}$$

所得结果与 $\frac{1}{3} \times$ δ% 进行比较，判断此校验装置是否合格（注：前者小于后者为合格，反之为不合格）。式中 ΔU 的取值：当倍率为×10时，取 5 μV；当倍率为×1时，取 0.5 μV。

4. 作出校正曲线 ΔI_j-I'_j。

【思考题】

用电位差计测量时为什么要估算并预置测量盘的电位差值？接线时为什么要特别注意电压极性是否正确？

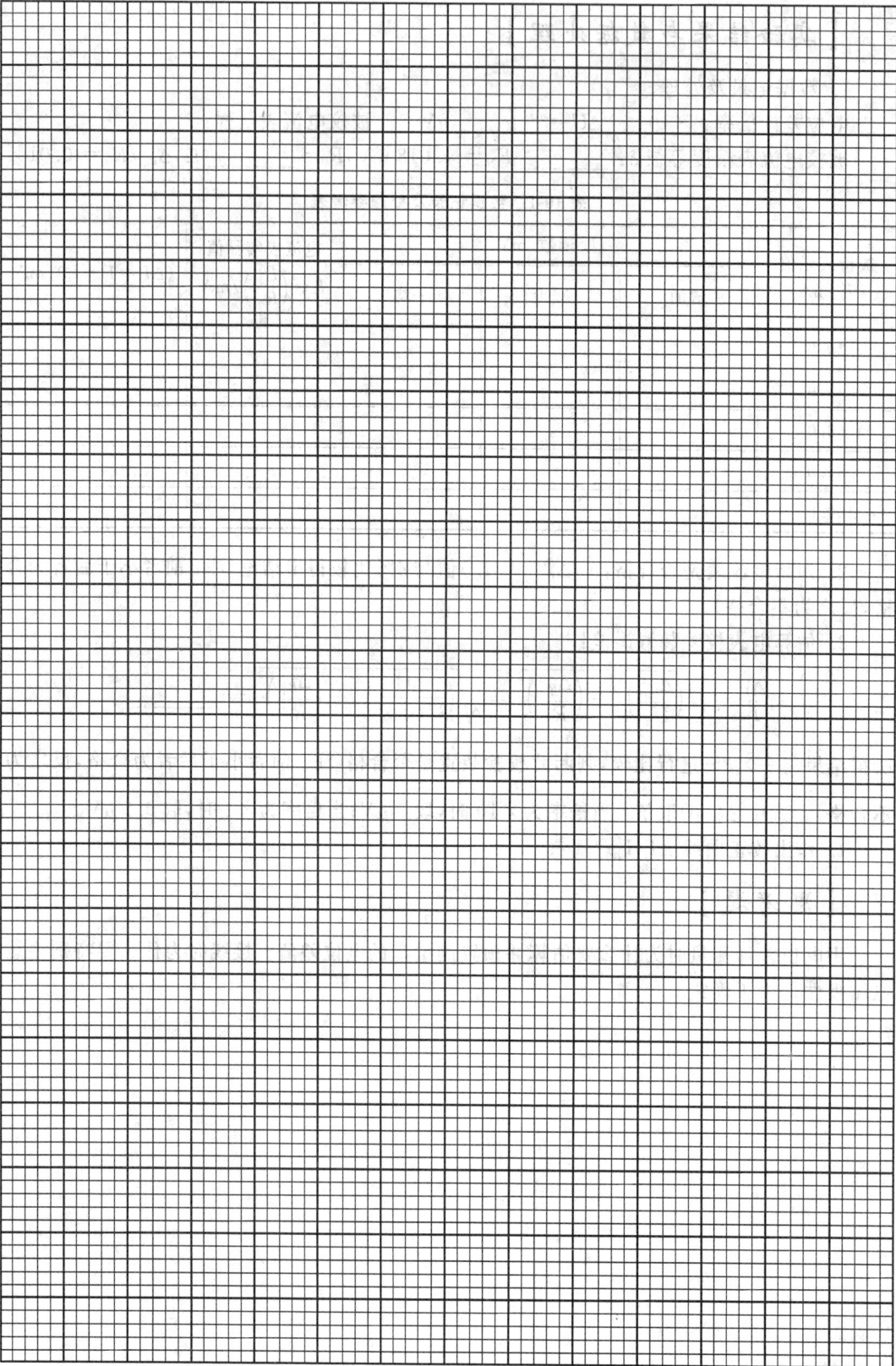

实验十一

调节分光计以测定三棱镜顶角

分光计是一种能精确测量角度的典型光学仪器,精确度可达到 $1'$,经常用来测量材料的折射率、色散率、光波波长和进行光谱观测等。由于该装置比较精密,控制部件较多而且操作复杂,所以使用时必须严格按照一定的规则和程序进行调整,方能获得较高精度的测量结果。在实验中,要弄清调整要求,注意观察出现的现象,并努力运用已有的理论知识去分析、指导操作,在反复练习之后才开始正式实验,才能掌握分光计的使用方法,并顺利地完成实验任务。

【实验目的】

1. 了解分光计的原理、结构,学习调整分光计;
2. 掌握利用分光计测量三棱镜顶角的方法。

【实验原理】

1. 分光计的结构

分光计如图 11-1 所示。本实验采用自准法测三棱镜顶角,不需要使用平行光管,有关平行光管的原理、调节与使用参见《实验十二　光栅衍射》实验。下面介绍其余部件。

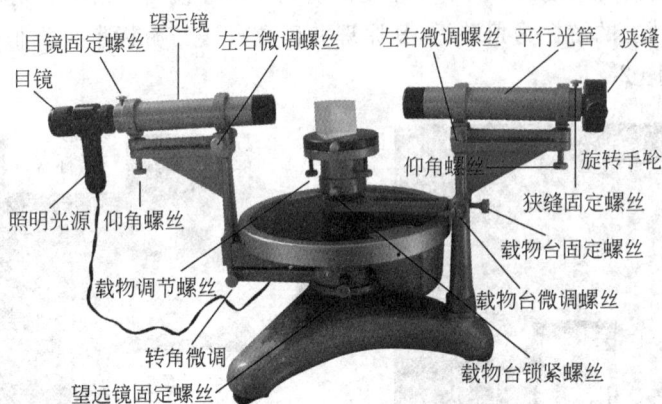

图 11-1　分光计

(1) 分光计底座的中心有一沿铅直方向的转轴,称为分光计的中心轴。在这个轴上套有一个读数刻度盘和一个游标盘,这两个盘可以绕它旋转。

(2) 望远镜安装在支臂上,支臂与转轴相连。通过锁紧"望远镜固定螺丝",将望远镜与刻度盘同步转动。

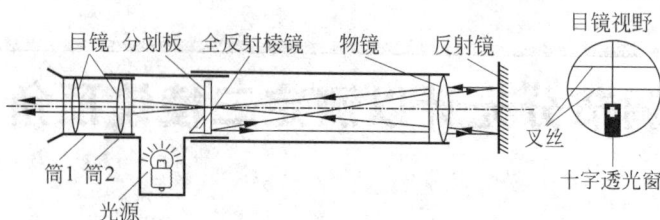

图 11-2 望远镜结构

　　分光计采用的是自准直望远镜(阿贝式),如图 11-2 所示。望远镜是用来观察平行光的,它由目镜、叉丝分划板和物镜三部分组成,分别装在三个套筒中,这三个套筒一个比一个大,彼此可以互相滑动,以便调节聚焦。中间的一个套筒装有一块圆形分划板,分划板面刻有"十"形叉丝,分划板的下方紧贴着装有一块 45°全反射小棱镜,在与分划板相贴的小棱镜的直角面上,刻有一个"+"形透光的叉丝,利用电珠照明使它成为发光体。如果在望远镜的物镜正前方放置一个与望远镜光轴近乎**垂直**的反射面,我们将在望远镜内看到"+"像,它就是这个叉丝的像(如图 11-3 所示)。而且,如果反射面与望远镜光轴严格垂直,这个反射像必位于"十"形叉丝的上**叉丝正中央**。

　　(3) 载物台是用来放置平面镜、棱镜等光学元件的平台,它可以与游标盘通过螺丝相互锁定,一起绕分光计的转轴转动。当游标盘的止动螺丝拧紧后,游标盘不能绕轴转动。载物平台下有三只调节螺丝,可调节台面的倾斜度。

　　(4) 圆刻度盘在分光计出厂时已将它调到与仪器中心轴垂直。由于圆刻度盘中心和仪器转轴在制造和装配时,不可能完全重合,因此在读数时会产生偏心差。通过在中心轴直径上安置两个对称的游标,可消除这种系统误差。

　　读数装置由刻度圆盘和与游标盘组成。刻度圆盘分为 360°,每度中间有半刻度线,故刻度圆盘的最小读数为半度($30'$),小于半度的值利用游标读出。游标上有 30 分格,故最小刻度为 $1'$。分光计上的游标为角游标,其原理和读数方法与游标卡尺类似,如图 11-4 所示位置其读数为 $241°02'$。

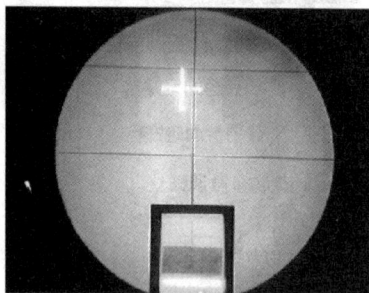

图 11-3 "+"形叉丝的像

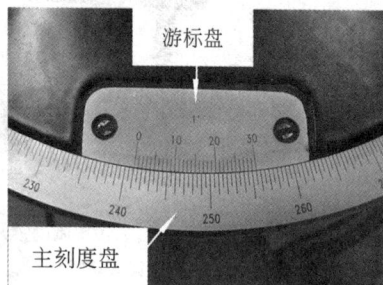

图 11-4 分光计的游标盘

　　2. 分光计测量三棱镜顶角的原理

　　三棱镜的侧面由两个光滑表面和一个毛玻璃面构成,如图 11-5 中的三角形 *ABC* 代表三棱镜的三个侧面。由图可见,两个光滑侧面 *AB*,*AC* 的法线可以由望远镜分别垂直这两个光滑侧面时所在位置 T_1 和 T_2 相对应。

　　假设望远镜位于 T_1 时,游标Ⅰ和游标Ⅱ的读数分别为 $\varphi_{\rm I}^{T_1}$ 和 $\varphi_{\rm II}^{T_1}$;若望远镜位于 T_2 时,游标Ⅰ和游标Ⅱ的读数分别为 $\varphi_{\rm I}^{T_2}$ 和 $\varphi_{\rm II}^{T_2}$。

　　游标Ⅰ记录两条法线的夹角为

$$\varphi_{\rm I} = |\,\varphi_{\rm I}^{T_1} - \varphi_{\rm I}^{T_2}\,|$$

游标Ⅱ记录两条法线的夹角为

$$\varphi_{\rm II} = |\,\varphi_{\rm II}^{T_1} - \varphi_{\rm II}^{T_2}\,|$$

取二者平均值:

$$\varphi = \frac{1}{2}(\varphi_{\rm I} + \varphi_{\rm II})$$

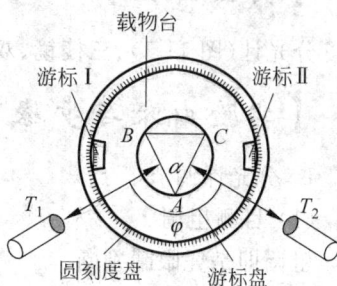

图 11-5　自准法测量三棱镜顶角

由图 11-5 可见,三棱镜顶角:

$$\alpha = 180° - \varphi$$

　　下面重点谈实验中经常遇到的又容易现错误的"**过零问题**"。为了测量三棱镜两个光滑侧面法线之间的夹角 φ,需要调整望远镜分别垂直于两个光滑侧面(即分别位于位置 T_1 和 T_2)并读出游标Ⅰ和游标Ⅱ的读数。在转动望远镜的过程中,每个游标的读数都是一直在变化的,以图 11-4 游标Ⅰ的读数变化为例讨论:

　　(1) 望远镜位于位置 T_1 时,游标Ⅰ初读数为 $23°13'$。在调节过程中载物台与游标盘不旋转(载物台与游标盘锁紧为一体),而望远镜与刻度盘(望远镜与刻度盘锁紧为一体)逆时针方向旋转,读数将一直减少,从 $23°13'$ 减少到 $13°13'$,此时转过的角度 $\varphi = 23°13' - 13°13' = 10°00'$。随着望远镜继续旋转,游标Ⅰ的读数一直减少,转过的角度 φ 逐渐增大。当游标Ⅰ读数为 $00°00'$ 的时候,转过的角度显然应为 $\varphi = 23°13' - 0° = 23°13'$。可是,此后如果望远镜继续逆时针旋转,游标Ⅰ的读数却无法继续减小了! 这是由于:**圆刻度盘刻度的最小值为 0°**。望远镜继续逆时针旋转,当游标Ⅰ读数为 $350°00'$ 时,即游标越过 $0°00'$ 后又转了 $360°00' - 350°00' = 10°00'$,转过的角度应为 $\varphi = (23°13' - 0°00') + 10°00' = 33°13'$。为了计算方便,此时游标Ⅰ的读数应该记为 $350°00' - 360°00' = -10°00'$,望远镜转过的角度应为

$$\varphi_{\rm I} = |\,\varphi_{\rm I}^{T_1} - \varphi_{\rm I}^{T_2}\,| = |\,23°13' - (350°00' - 360°00')\,| = 33°13'$$

　　(2) 如果载物台与游标盘不旋转,而望远镜连同刻度盘顺时针旋转,游标Ⅰ读数将一直增加。假设其初读数为 $350°00'$,当读数增加到 $355°00'$ 时,转过的角度为 $5°00'$;当读数变为 $0°00'$(即 $360°00'$),转过的角度为 $10°00'\cdots$ 望远镜继续顺时针转动,游标Ⅰ读数将变到 $1°00'$,此时游标Ⅰ的读数应改写为 $1°00' + 360°00' = 361°00'\cdots$,当分光计的游标盘如图 11-4 所示时,转过的角度应按下式计算:

$$\varphi_{\rm I} = |\,\varphi_{\rm I}^{T_1} - \varphi_{\rm I}^{T_2}\,| = |\,350°00' - (23°13' + 360°00')\,| = 33°13'$$

　　值得一提的是:在实验过程中,也可以保持望远镜及刻度盘一体且位置不变而旋转游标盘(载物台与游标盘锁紧为一体),这样的操作更为简单,遇到过零问题如何读数,请读者自行分析。

【实验仪器】

分光计(图 11-1)、三棱镜、双面(半)反射平面镜、读数小灯。

【实验内容与步骤】

1. 分光计调节

(1) 目测粗调

粗调即是凭眼睛判断。

① 调节望远镜下方的仰角螺丝,尽量使望远镜的光轴与刻度盘平行。

② 调节载物台下方的三个小螺丝,尽量使载物台与刻度盘平行(粗调是后面进行细调的前提和细调成功的保证)。

(2) 调望远镜聚焦于无穷远(用"自准法")

① 调节目镜,使得分划板为目镜焦平面(使分划板上的叉丝"十"清晰)

望远镜里的圆形分划板上,有双叉丝线"十",分划板的下方有个"十"形的透光窗孔,仔细转动目镜镜头,使分划板上的叉丝清晰,如图 11-3 所示。

② 前后拉伸目镜镜筒,使得分划板为物镜焦平面(使"十"在分划板上成像清晰)

将平面镜(或三棱镜的一个光滑侧面)轻轻贴住望远镜物镜镜筒,使平面镜与望远镜光轴基本垂直,前后移动目镜套筒,直至从目镜视场中观察到反射回的绿十字像清晰(如图 11-3 所示),且绿十字像与分划板上的"十"型叉丝间无视差,则望远镜聚焦于无穷远。至此,望远镜已聚焦无穷远处了。

(3) 细调望远镜适合于观察平行光

将平面镜放置载物台上,平面镜垂直两个螺丝连线而与另一个螺丝重合,如图 11-6 所示。升高载物台并固定螺丝,左右转动载物台使得能从望远镜镜筒上方,在平面镜中看到望远镜镜筒的像与镜筒在一条直线上。此时平面镜垂直望远镜主轴,分划板的"十"形透光的叉丝经平面镜反射后,必然在视场中的某一竖直面上,再微调望远镜仰角或载物台螺丝,找到"十"像。将载物台转过 $180°$,使平面镜的另一面对准望远镜,再用此法进行调节,也能在视场中找到"十"像。这时要保证平面镜两面反射回来的"十"像都能观察到,才算初步细调成功。

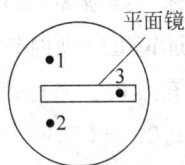

图 11-6　平面镜在载物台上的位置

接下来用"各半调节法"调节准确即可。假设在物镜中观察到的反射像如图 11-7(a)所示,那么只需调节望远镜仰角螺丝,使此距离减小一半,如图 11-7(b)所示。将载物台旋转 $180°$,使平面镜的另一面对准望远镜,再用此法进行调节。经过几次反复调节后,使望远镜先后对着平面镜的两面,同时能看到"十"像与分划板上部的叉丝线重合,如图 11-7(c)所示,则望远镜的光轴即垂直分光计的光轴了。

2. 测量三棱镜顶角

将三棱镜按图 11-8 所示的位置放置(切忌用手触摸光滑侧面)。调节螺丝 a_1,可以改变 AB 面的法线方向,不改变 AC 面的法线方向。同理,调节螺丝 a_2,可以改变 AC 面的法线方向,不改变 AB 面的法线方向。调节 a_1 螺丝和望远镜仰角螺丝,尽量使 AB 面与望远

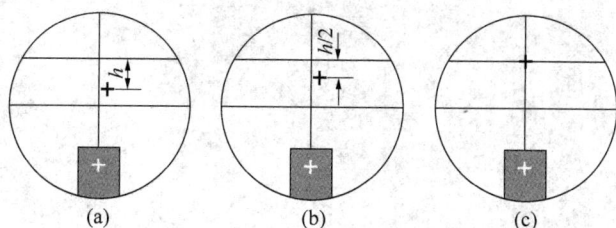

图 11-7　各半调节示意图

镜光轴垂直,使用上面介绍的"各半调节法"使望远镜先后对着三棱镜的两个光滑侧面,都能看到"＋"像与分划板上部的叉丝线重合。注意游标 I 和游标 II 在刻度盘左右两侧的位置,使它们容易读数即可。此时就可以按图 11-5 中所示,分别测量位置 T_1 时的角 $\varphi_I^{T_1}$ 和 $\varphi_{II}^{T_1}$ 和位置 T_2 时的角 $\varphi_I^{T_2}$ 和 $\varphi_{II}^{T_2}$,填入表格 11-1 中,计算出三棱镜顶角 α。

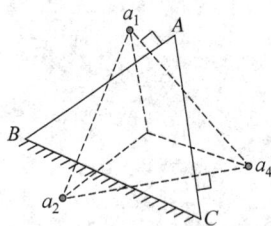

图 11-8　三棱镜在载物台上的位置

【实验结果与数据处理】

表 11-1　三棱镜顶角的测量数据记录与处理参考表

测量游标编号	I	II
第一位置 T_1	$\varphi_{I}^{T_1}=$ _____	$\varphi_{II}^{T_1}=$ _____
第二位置 T_2	$\varphi_{I}^{T_2}=$ _____	$\varphi_{II}^{T_2}=$ _____
$\varphi_i=\mid\varphi_i^{T_1}-\varphi_i^{T_2}\mid$		
$\varphi=\dfrac{1}{2}(\varphi_I+\varphi_{II})$		
$\alpha=180°-\varphi$		
Δ_α	$2'$	
$\alpha\pm\Delta_\alpha$		

【思考题】

消除偏心差的方法是什么？

实验十二

光 栅 衍 射

衍射光栅简称光栅,是利用多缝衍射原理使光发生色散的一种光学元件。它实际上是一组数目极多、平行等距、紧密排列的等宽狭缝。通常分为透射光栅和平面反射光栅。透射光栅是用金刚石刻刀在平面玻璃上刻许多平行线制成的,被刻画的线是光栅中不透光的间隙。而平面反射光栅则是在磨光的硬质合金上刻许多平行线。实验室中通常使用的光栅是由上述原刻光栅复制而成的,一般每毫米约 $250\sim600$ 条线。20 世纪 60 年代以来,随着激光技术的发展又制造出了全息光栅。由于光栅衍射条纹狭窄细锐,分辨本领比棱镜高,所以常用光栅作摄谱仪、单色仪等光学仪器的分光元件,用来测定谱线波长、研究光谱的结构和强度等。另外,光栅还应用于光学计量、光通信及信息处理。

【实验目的】

1. 进一步熟悉分光计的调节与使用;
2. 学习利用光栅测定光波波长及光栅常数的原理和方法;
3. 加深理解光栅衍射公式及其成立条件。

【实验原理】

光的干涉和衍射现象是光的波动性的直接体现。当光源与观察屏都与衍射屏相距无限远时,这种衍射现象称为夫琅禾费衍射。本实验采用透射光栅做衍射屏,利用夫琅禾费衍射规律测量光波波长及光栅常数。图 12-1 是光栅衍射光路图。实验中,形成衍射明纹的条件是:

$$d\sin\varphi_k = (a+b)\sin\varphi_k = k\lambda \quad (k = 0, \pm 1, \pm 2, \cdots) \tag{12-1}$$

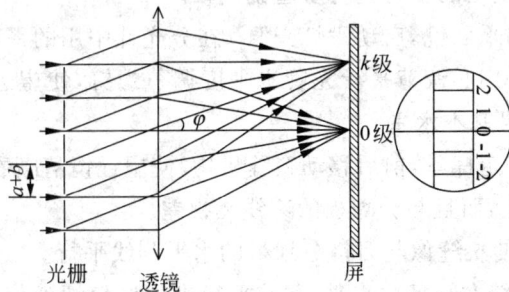

图 12-1　衍射光路图

式中 $d=a+b$ 为光栅常数, a 为光栅狭缝宽度, b 为刻痕宽度, k 为明纹级数, φ_k 为 k 级明纹的衍射角, λ 为入射光波长。由光栅方程(12-1)可以看出,如果入射光为复色光, $k=0$ 时,有 $\varphi_0=0$,不同波长的零级亮纹重叠在一起,则零级条纹仍为复色光。当 k 为其他值时,不同波长的同级亮纹因有不同的衍射角而相互分开,即有不同的位置。因此,在透镜焦平面上将出现按短波到长波的次序,自中央零级向两侧依次分开排列的彩色谱线(光栅光谱),所以光栅具有分光功能。本实验采用的汞灯产生四种单色光,每一单色光有一定的波长,因此对于同一级明纹,各色光的衍射角 φ_k 是不同的,由小到大依次为 $\varphi_紫$, $\varphi_绿$, $\varphi_{黄 II}$, $\varphi_{黄 I}$,如图 12-2 所示。

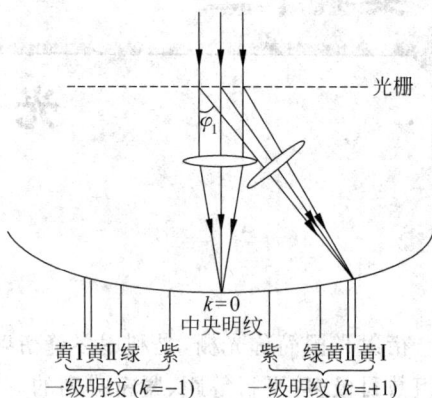

图 12-2　光栅衍射光谱示意图

【实验仪器】

分光计及附件一套、汞灯光源、光栅片

【实验内容与步骤】

本实验分两步:

第一步:用分光计对已知波长的绿色光谱线进行观察,测出一级明纹的衍射角 $\varphi_{1绿}$,按光栅公式算出光栅常数 d 。

第二步:分别对波长未知的紫、黄光 II、黄光 I 进行观察,测出相应的衍射角 $\varphi_{1紫}$, $\varphi_{1黄 II}$, $\varphi_{1黄 I}$,连同求出的光栅常数 d ,代入公式(12-1),算出各明纹所对应的 $\lambda_紫$, $\lambda_{黄 II}$, $\lambda_{黄 I}$ 。

1. 分光计和光栅的调节

调节分光计时应做到:望远镜聚焦于无穷远、望远镜的光轴与分光计的中心轴垂直,平行光管射出平行光。前面两步的调节见实验《实验十一　调节分光计以测定三棱镜顶角》,调好后固定望远镜。调节光栅时应做到:平行光管出射的平行光垂直于光栅面,平行光管的狭缝与光栅刻痕平行。调节步骤如下:

(1)调节平行光管发出的平行光与望远镜共轴。

① 取下载物台上的平面镜,启动汞灯光源(在分光计中用的平面镜)。

② 转动平行光管并细心调节平行光管水平度调节螺钉,使望远镜、平行光管竖直方向在一条直线上(目测)且基本水平。

③ 放松狭缝机构固定螺丝,前后移动狭缝机构,使望远镜清晰看到狭缝的像(一条明亮的细线)呈现在分划板上,而且与分划板的刻线无视差。

④ 转动狭缝机构,使狭缝像与目镜分划板的水平刻线平行。

转动平行光管使狭缝在视场中水平,调节平行光管仰角螺丝使狭缝与视场中中间水平刻线重合。然后再将狭缝转过 90°,使狭缝与目镜分划板的垂直刻线重合。此时平行光管的光轴与望远镜的光轴同轴,且都与仪器中心轴垂直。此时不要再移动狭缝。

⑤ 锁紧狭缝机构固定螺丝。

⑥ 调节狭缝旋转手轮,使狭缝宽调至约 0.5 mm。

(2) 调节光栅,使光栅与转轴平行,且光栅平面垂直于平行光管。

① 如图 12-3,光栅放置于载物台上,光栅面朝向望远镜,并使之固定。

② 使望远镜对准狭缝,平行光管和望远镜光轴保持在同一水平线上。

③ 松开载物台固定螺丝,微微转动载物台,直至十字反射像和狭缝像重合。

④ 锁紧载物台固定螺丝。

⑤ 松开望远镜固定螺丝,以光栅面作为反射面,用自准法仔细调节载物台下方的调节螺丝 B,C,使十字反射像位于叉丝上方交点(如图 12-4)。

⑥ 转动望远镜,观察衍射光谱的分布情况,注意中央明纹两侧谱线是否在同一水平面上。如观察到光谱线有高低变化,说明狭缝与光栅刻痕不平行,调节载物台下方的调平螺钉 $A(B,C$ 不能动),直至在同一水平面上为止。调好之后,回头检查步骤⑤是否有变动,这样反复多次调节,直至⑤、⑥两个要求同时满足为止。

2. 用光栅测光波长

用光栅测波长时须注意:由于衍射光栅对中央明纹是对称的,为了提高测量准确度,测量第 k 级光谱时,应测出 $-k$ 级光谱位置和 $+k$ 级光谱位置,两位置的差值之半即为 φ_k;为消除分光计刻度盘的偏心误差,测量每一条谱线时,要同时读取刻度盘上的两个游标的示值,然后取平均值。为使叉丝精确对准光谱线,必须用望远镜微动螺钉来对准。测量时,可将望远镜移至最左端,从 -1 到 $+1$ 级依次测量,以免漏测数据。

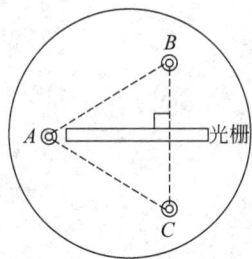

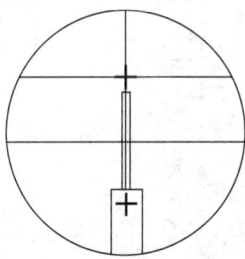

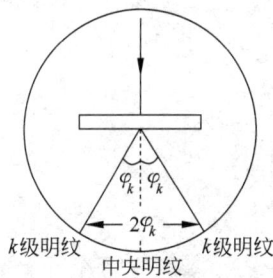

图 12-3　光栅在载物台的位置图　　图 12-4　望远镜观察到的物和像　　图 12-5　测量 φ_k 示意图

(1) 测光栅常数 d

① 旋紧游标盘止动螺钉与刻度盘止动螺钉。

② 手握望远镜支臂,转动望远镜(与刻度盘固定在一起),观察汞灯绿线(已知 $\lambda_绿 = 546.1$ nm)的一级衍射光谱,让望远镜对准中央明纹,然后转到 $k=-1$ 绿光谱线处,旋紧望远镜止动螺钉,固定望远镜。

③ 借助望远镜微调螺钉,使分划板的垂直刻线对准谱线,从左右游标上读取两个数据记录在表 12-1 中。

④ 松开望远镜止动螺钉,同理测量 $k=1$ 绿光谱数据。

⑤ 从数据获得衍射角 φ_1,代入公式 $d\sin\varphi_1 = \lambda$,即可求得 d。

（2）测定未知光波的波长

① 松开望远镜止动螺钉，转动望远镜，依次对准 $k = -1$ 处黄Ⅰ、黄Ⅱ、紫光谱线，并读取数据。

② 测量 $k = 1$ 处的谱线数据紫光、黄Ⅱ、黄Ⅰ谱线。

③ 将光栅常数 d 和衍射角 φ_k 代入公式，求出各谱线波长。

【实验结果与数据处理】

1. 在表12-1中记录汞灯衍射光谱一级谱线的角位置,从左到右的顺序依次为黄Ⅰ、黄Ⅱ、绿光、紫光和紫光、绿光、黄Ⅱ、黄Ⅰ,并计算其衍射角。

表 12-1 实验数据记录与处理参考表

光谱线颜色(波长)	黄Ⅰ		黄Ⅱ		$\lambda_{绿}=546.1\ \text{nm}$		紫	
游标	Ⅰ	Ⅱ	Ⅰ	Ⅱ	Ⅰ	Ⅱ	Ⅰ	Ⅱ
左侧($k=-1$)衍射光方位 $\varphi_{左}$								
右侧($k=1$)衍射光方位 $\varphi_{右}$								
$2\varphi_m=\lvert\varphi_{左}-\varphi_{右}\rvert$								
$\overline{2\varphi_m}$								
$\overline{\varphi_m}$								

2. 根据光栅方程 $d\sin\varphi_{绿}=\lambda$ 和已知波长为 $\lambda=546.1\ \text{nm}$ 的绿光,求光栅常数 d 并求不确定度。

$$d=\overline{d}\pm\Delta_d=\underline{\qquad}\ \text{nm}$$

3. 利用求出的光栅常数 d、光栅方程 $d\sin\varphi_{绿}=\lambda$ 和黄Ⅰ、黄Ⅱ、紫光的衍射角 $\overline{\varphi}$ 分别求 $\lambda_{黄Ⅰ}$,$\lambda_{黄Ⅱ}$,$\lambda_{紫}$,并求紫光的不确定度。

$$\lambda_{黄Ⅰ}=\underline{\qquad}\ \text{nm}$$

$$\lambda_{黄Ⅱ}=\underline{\qquad}\ \text{nm}$$

$$\lambda_{紫}=\overline{\lambda_{紫}}\pm\Delta_{\lambda_{紫}}=\underline{\qquad}\ \text{nm}$$

【思考题】

1. 当用钠光(波长 $\lambda=589.3\ \text{nm}$)垂直入射到一毫米内有300条刻痕的平面透射光栅上时,问最多能看到几级光谱?

2. 根据你的实验结果,若实验中出现赤、橙、黄、绿、青、蓝、紫七种颜色的衍射条纹,则它们同一级衍射角 $\varphi_{赤}$,$\varphi_{橙}$,$\varphi_{黄}$,$\varphi_{绿}$,$\varphi_{青}$,$\varphi_{蓝}$,$\varphi_{紫}$ 之间关系如何?请排列大小顺序。

【附录】

光栅方程

$$d\sin\varphi_k = k\lambda$$

式子两侧取自然对数

$$\ln d = -\ln\sin\varphi_k + \ln k + \ln\lambda$$

然后求微分可得

$$\frac{\Delta_d}{d} = -\cot\varphi_k \cdot \Delta_{\varphi_k}$$

故

$$\Delta_d = \sqrt{(-d\cdot\cot\varphi_k\cdot\Delta_{\varphi_k})^2} \quad (\Delta_{\varphi_k} = \pm 2' \approx \pm 0.000\,58\ \text{rad})$$

同样

$$\frac{\Delta_\lambda}{\lambda} = \frac{\Delta_d}{d} + \cot\varphi_k \cdot \Delta_{\varphi_k}$$

结合光栅方程有

$$\Delta_\lambda = \Delta_d \cdot \sin\varphi_k + \cot\varphi_k \cdot d\sin\varphi_k$$

再进行方和根合成得到

$$\Delta_\lambda = \sqrt{\sin^2\varphi_k\cdot\Delta_d^2 + d^2\cdot\cos^2\varphi_k\cdot\Delta_{\varphi_k}^2}$$

实验十三

牛顿环——光的等厚干涉之一

当薄膜层的上下表面有一很小的倾角时,从光源发出的光经上下表面反射后在上表面附近相遇时产生干涉,并且厚度相同的地方形成同一干涉条纹,这种干涉叫做等厚干涉。牛顿环是等厚干涉的一个最典型的例子,是牛顿在 1675 年所做的著名实验,但由于他主张微粒学说而未能对它做出正确的解释。

牛顿环在光学计量、基本物理量测量等方面有广泛的应用,如用牛顿环测定光波的波长、透镜曲率半径,检验磨制透镜、精确地测量微小长度、厚度和角度,检验物体表面的光洁度、平整度等。

【实验目的】

1. 观察光的等厚干涉现象,了解等厚干涉的特点;
2. 学习用干涉方法测量平凸透镜的曲率半径;
3. 掌握读数显微镜的使用方法。

【实验原理】

图 13-1 是牛顿环实验装置的示意图。曲率半径 R 很大的平凸透镜与平板玻璃之间,形成了上表面为球面,下表面为平面的空气劈尖。当波长为 λ 的单色面光源 S 发出平行光,再经半反半透镜 M 反射后,垂直照射空气劈尖,并在劈尖空气层的上下表面处反射,在显微镜 T 内会观察到以接触点为中心的明暗相间的同心圆环,且条纹内疏外密。因这种干涉图样最早被牛顿观察的,所以称为**牛顿环**,如图 13-2 所示。

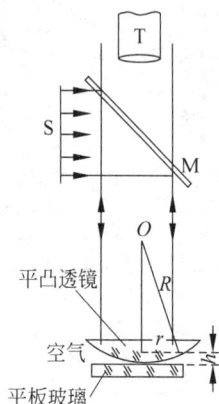

图 13-1　牛顿环实验原理

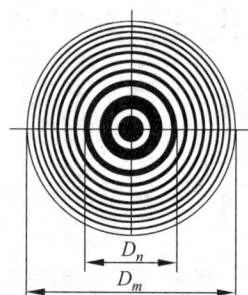

图 13-2　牛顿环

利用干涉原理,可以计算牛顿环半径 r、光波波长 λ 与平凸透镜曲率半径 R 之间的关系。由于透镜的曲率半径很大,因此,在空气劈尖上下表面的反射光可以近似看作垂直平板玻璃。由于空气劈尖的折射率($n \approx 1$)小于玻璃的折射率,劈尖下表面的反射光有半波损失,因此,在劈尖厚度为 h 处的反射光产生干涉的光程差为

$$\Delta = 2h + \lambda/2$$

由图 13-1,可得

$$r = \sqrt{R^2 - (R-h)^2} = \sqrt{2Rh - h^2}$$

因为 $h \ll R$,则

$$r = \sqrt{2Rh} = \sqrt{\left(\Delta - \frac{\lambda}{2}\right)R}$$

由干涉相消的条件 $\Delta = k\lambda + \lambda/2 (k = 1,2,3,\cdots)$,可得暗环半径

$$r = \sqrt{kR\lambda} \quad (k = 1,2,3,\cdots) \tag{13-1}$$

由(13-1)式可知,如果已知光波波长 λ,只要测出 r,即可求出曲率半径 R。反之,已知 R 也可由(13-1)式求出波长 λ。在平凸透镜与平板玻璃接触的点 O,厚度 h 为零,光程差 $\Delta = \lambda/2$(由于光在平板玻璃的上表面反射时相位跃变了 π 造成的),牛顿环的中心为零级暗点。由于平凸透镜与平板玻璃的相互作用,点 O 处会发生形变,所以实际上看到的牛顿环中心是一暗斑。这样无法确定环的几何中心,我们通常取两个暗环直径的平方差来计算 R。

根据(13-1)式,第 m 环暗纹和第 n 环暗纹的直径可分别表示为

$$D_m^2 = 4mR\lambda \tag{13-2}$$

$$D_n^2 = 4nR\lambda \tag{13-3}$$

把(13-2)式和(13-3)式相减得到

$$D_m^2 - D_n^2 = 4(m-n)R\lambda$$

则曲率半径

$$R = \frac{D_m^2 - D_n^2}{4(m-n)\lambda} \tag{13-4}$$

(13-4)式说明,两暗环直径的平方差只与它们相隔几个暗环的数目($m-n$)有关,而与它们各自的级数无关。因此测量时,只要测出第 m 环和第 n 环直径以及数出环数差 $m-n$,即可计算出透镜的曲率半径 R。用环数代替级数,而无须确定各环的级数,就会避免圆心无法准确确定的困难。

由于接触点处玻璃有弹性形变,因此在中心附近的圆环将发生移位,故利用远离中心的圆环进行测量。

【实验仪器】

牛顿环仪、读数显微镜(图 13-3)、钠光灯(波长 589.3 nm)。
读数显微镜由一个带十字叉丝的显微镜和一个螺旋测微装置所组成。显微镜包括目镜、十字叉丝和物镜,整个显微系统与套在测位螺杆的螺母管套相固定,旋转升降手轮就能使物镜上下移动调节焦距。旋转测微手轮,就能使测微螺杆移动,能带动显微镜一起移动,移动的距离可由主尺和测微手轮读出。读数

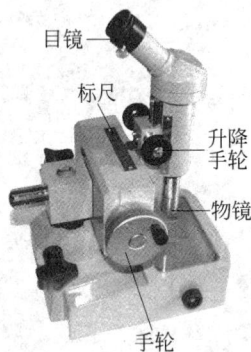

图 13-3 读数显微镜

方法与螺旋测微器相同,也能读到千分之一毫米位。

【注意事项】

1. 牛顿环仪、透镜和显微镜的光学表面不清洁,要用专门的擦镜纸轻轻擦拭。

2. 为避免螺杆空转引起读数误差,测量过程中测微手轮只能向一个方向旋转,中途不能反转。

3. 当用镜筒对待测物聚焦时,为防止损坏显微镜物镜,正确的调节方法是使镜筒移离待测物(即提升镜筒)。

【实验内容与步骤】

1. 调节仪器并观察牛顿环的干涉图样

(1) 调整牛顿环仪的三个调节螺丝,把自然光照射下的干涉图样移到牛顿环的中心附近。注意调节螺丝不能太紧以免中心暗斑太大,甚至损坏牛顿环仪。把牛顿环仪置于显微镜的正下方,调节读数显微镜上 45°角半反射镜的角度,直至从目镜中能看到明亮的均匀光照。

(2) 调节读数显微镜的目镜,使十字叉丝清晰,**自下而上**调节物镜镜筒直至观察到清晰的干涉图样。移动牛顿环仪,使中心暗斑(或亮斑)位于视场中心,调节目镜系统,使叉丝横丝与读数显微镜的标尺平行,消除视差,并观测待测的各环左右是否都在读数显微镜的读数范围之内。

2. 测量牛顿环的直径

(1) 选取要测量的 m 和 n 各五个条纹,如取 m 为 30、29、28、27、26 五个环,n 为 20、19、18、17、16 五个环。

(2) 转动手轮,先使镜筒向左移动,顺序数到 35 环,再向右转到 30 环,使叉丝尽量对准干涉条纹的中心,记录读数。然后继续转动手轮,使叉丝依次与左侧 30、29、28、27、26、20、19、18、17、16 环对准,顺次记下读数(注意以 mm 为单位小数点后有三位数字)。再继续转动手轮,使叉丝依次与圆心右侧 16、17、18、19、20、26、27、28、29、30 环对准,依次记下各环的读数,求得各环的直径。

【实验结果与数据处理】

1. 将测量数据填入表 13-1,并计算平均值 $\overline{D_m^2 - D_n^2}$。

表 13-1　实验数据表记录与处理参考表

环 数			直径 D_m/mm	环 数			直径 D_n/mm	$D_m^2 - D_n^2$
m	左	右		n	左	右		
30				20				
29				19				
28				18				
27				17				
26				16				
$\overline{D_m^2 - D_n^2} =$								

2. 求平凸透镜凸面曲率半径及其不确定度 $\Delta_R(\lambda = 589.3\ \mathrm{nm}, m - n = 10)$。

$$\text{曲率半径}\ \overline{R} = \frac{\overline{D_m^2 - D_n^2}}{4(m-n)\lambda} = \underline{\hspace{2cm}}\ \mathrm{mm}$$

$$\Delta_{D_m^2 - D_n^2} = \sqrt{\frac{\sum\left[(D_m^2 - D_n^2)_i - \overline{(D_m^2 - D_n^2)}\right]^2}{5 - 1}} = \underline{\hspace{2cm}}\ \mathrm{mm}$$

$$\Delta_R = \sqrt{\left[\frac{\partial R}{\partial(D_m^2 - D_n^2)}\right]^2 \cdot \left[\Delta_{(D_m^2 - D_n^2)}\right]^2} = \frac{\Delta_{(D_m^2 - D_n^2)}}{4(m-n)\lambda} = \underline{\hspace{2cm}}\ \mathrm{mm}$$

$$R = \overline{R} \pm \Delta_R = \underline{\hspace{2cm}}\ \mathrm{mm}$$

【思考题】

牛顿环干涉条纹形成在哪一个面上?产生的条件是什么?

实验十四

静电场的描绘

　　直接测量静电场的电势分布是很困难的。如果用恒定电流场模拟静电场（二者分布相同），即根据测量结果来描绘出与静电场对应的恒定电流场的分布，从而确定静电场的电位分布（即静电场的分布），是一种很方便的实验方法。

　　模拟法本质上是用一种易于实现、便于测量的物理状态或过程模拟不易实现、不便测量的状态和过程，要求这两种状态或过程有一一对应的两组物理量，且满足相似的数学形式及边界条件。一般情况下，模拟可分为物理模拟和数学模拟，对一些场的研究主要采用物理模拟（物理模拟就是保持同一物理本质的模拟）。由于稳恒电流场易于测量，所以就用稳恒电流场来模拟与其具有相同数学形式的静电场。

【实验目的】

1. 加深对电场强度和电势概念的理解；
2. 学习用模拟法测绘静电场的等势线和电场线；
3. 学习用图示法表达实验结果。

【实验原理】

　　静电场是静止电荷周围的一种特殊物质。在静电场的研究中以及电子在静电场中运动规律的研究中，常常需要了解带电体周围空间的电场分布情况。由于静电场中不存在电荷的运动，而有电流才有指示的磁电式仪表就无法进行直接测量。若仪器和测量探头进入静电场，必将引起电场分布的改变。所以要直接对静电场进行测量是十分困难的，于是采用"模拟法"进行间接测量。在电磁理论中，稳恒电流的电流场和相应的静电场是两种不同性质的场，但是它们两者在一定条件下具有相似的空间分布，即两种场遵守的规律在形式上相似。

　　1. 同轴电缆的静电场

　　如图 14-1 所示，半径为 a 的长圆柱导体 A 和内半径为 b 的长圆筒导体 B，它们的中心轴重合。A 和 B 分别带有等量异号电荷，它们之间充满介电系数为 ε 的电介质。A 带正电荷，B 带负电荷。由高斯定律知，电场强度的方向是沿径向由 A 指向 B，呈辐射状分布，其等势面为一簇同轴圆柱面。并由对称性可知，在垂直于轴线的任一截面 P 内，电场分布情况都相同。在距离轴心半径 r 处各点的电场强度为

$$E_r = \frac{\lambda}{2\pi\varepsilon} \frac{1}{r} \tag{14-1}$$

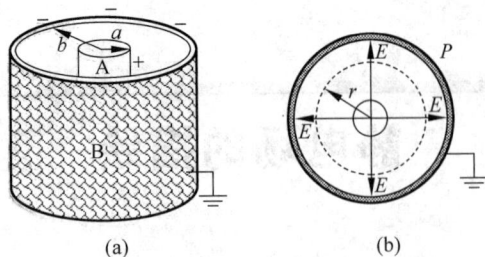

图 14-1　同轴电缆的静电场

式中 λ 为电荷的线密度。其电势为

$$U_r = U_A - \int_a^r E_r \mathrm{d}r = U_A - \frac{\lambda}{2\pi\varepsilon}\ln\frac{r}{a}$$

令 $r=b$ 时,$U_r = U_B = 0$(接地),则有

$$U_A = \frac{\lambda}{2\pi\varepsilon}\ln\frac{b}{a}$$

由上两式可得,电势分布为

$$U_r = \frac{U_A}{\ln\dfrac{b}{a}}\ln\frac{b}{r} \tag{14-2}$$

距中心 r 处的电场强度为

$$E_r = -\frac{\mathrm{d}U_r}{\mathrm{d}r} = \frac{U_A}{\ln\dfrac{b}{a}} \cdot \frac{1}{r} \tag{14-3}$$

2. 同轴电缆的稳恒电流场

若 A 和 B 之间不是充满介电系数为 ε 的电介质,而是充满电阻率为 ρ 的不良导体,且 A 和 B 之间分别与直流电源的正极和负极相连,如图 14-2(a)所示。A 和 B 之间形成径向电流,建立了一个稳恒电流场。取厚度为 l 的同轴圆柱片来研究,半径为 $r\sim r+\mathrm{d}r$ 之间的环形圆柱片的径向电阻为

$$\mathrm{d}R = \rho\frac{\mathrm{d}r}{S} = \frac{\rho}{2\pi l}\frac{\mathrm{d}r}{r}$$

A 和 B 之间的电阻为

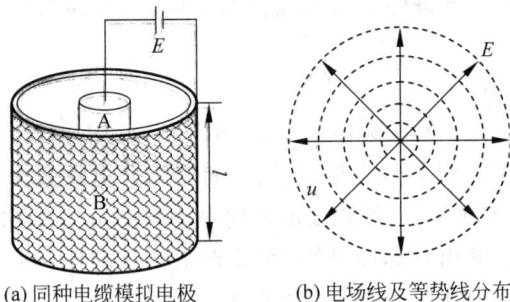

(a) 同种电缆模拟电极　　　　(b) 电场线及等势线分布

图 14-2　同轴电缆的电流场

$$R_{AB} = \int_a^b \frac{\rho}{2\pi l} \frac{dr}{r} = \frac{\rho}{2\pi l} \ln \frac{b}{a}$$

半径 r 到 B 之间的环形柱片的电阻为

$$R_{rB} = \int_r^b \frac{\rho}{2\pi l} \frac{dr}{r} = \frac{\rho}{2\pi l} \ln \frac{b}{r} = \frac{R_{AB}}{\ln \frac{b}{a}} \ln \frac{b}{r}$$

设 $U_B = 0$，则径向电流 $I = \dfrac{U_A}{R_{AB}}$，距中心 r 处的电势为

$$U_r' = IR_{rB} = \frac{U_A}{\ln \frac{b}{a}} \ln \frac{b}{r} \tag{14-4}$$

由(14-2)式和(14-4)式可以看出，稳恒电流场的电势 U_r' 和静电场的电势 U_r 有相同的表达式，说明稳恒电流场和静电场的电势位分布相同。

稳恒电流场的电场强度为

$$E_r' = -\frac{dU_r'}{dr} = \frac{U_A}{\ln \frac{b}{a}} \cdot \frac{1}{r} \tag{14-5}$$

由(14-3)式和(14-5)式也可以看出，稳恒电流场的电流场 E_r' 与静电场 E_r 分布也是相同。

稳恒电流场和静电场具有这种等效性，所以可用稳恒电流场来模拟静电场。即欲测绘静电场的分布，只要测绘相应的稳恒电流场的电势就行了。

在本实验中，$a = 5$ mm，$b = 75$ mm，$U_A = 10$ V，$U_B = 0$ V，由式(14-4)得

$$r = b\left(\frac{b}{a}\right)^{-\frac{U_r'}{U_A}} \tag{14-6}$$

在实验测绘中，考虑到电场强度 E 是矢量，电势 U 是标量，测定电势就比测定场强容易实现。可先测绘出等势线，再根据等势线与电场线处处垂直的关系，即可画出电场线。而电场线上任一点的切线方向就是该点电场强度的方向，电场线的疏密程度则代表了电场的强弱。这样，通过稳恒电流场的等势线和电场线就能形象地表示静电场的分布情况。

【实验仪器】

静电场实验仪一套(图 14-3)。

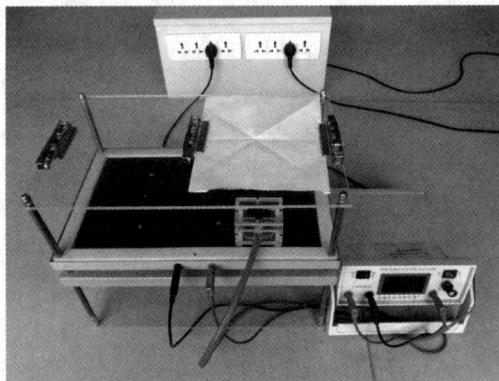

图 14-3 静电场实验仪

　　静电场测试仪分上下两层,将记录纸(白纸)放入上层面板的夹板,两边压紧。将电极放入下层中,接入电源形成稳恒电流的静电场,探测装置可在此模拟场中探测到不同点的电势。探测装置由探针和固定在其上方的激光发射器组成,当探针探测出电场的某电势点时,激光发射器发射的激光在白纸上形成亮斑,用铅笔描出此亮斑位置,这样,便可在白纸上同步画出电流场中相应的电势点。

【实验内容与步骤】

1. 按图 14-4 的正极(圆柱 A)、负极(外圆 B)分别接到测试仪正负极接线柱上,测笔接

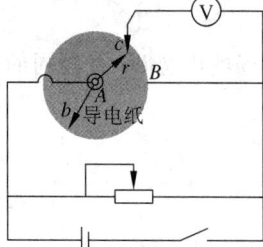

图 14-4　实验测量线路图

到测试仪的测笔接线柱上。保持探测装置的探针 c 与导电纸接触良好,接通电源,在实验仪面板上选择"调零"档,调节电源电压到 10.0V,后选择"测量"档便可以测量不同点的电势。

　　2. 选择恰当的测点间距,分别测 8.0V、6.0V、4.0V、2.0V、1.0V 各电势的等势线。每条等势线测定出八个均匀分布的点。

　　3. 根据一组等势点找出圆心,以每条等势线上各点到圆心的平均距离为半径,画出等势线的同心圆。然后根据电场线与等势线垂直原理,再画出电场线,标明等势线的电压大小,并指出电场强度方向,得到一张完整的电场分布图。

4. 用圆规和直尺测量出每个等势线上的 8 个点到圆心的半径 r_m 记录到表 14-1 中,并计算半径平均值 $\bar{r}_m$,以为约定真值求各等势线半径的相对误差。

【实验结果与数据处理】

1. 根据一组等势点找出圆心,以每条等势线上各点到圆心的平均距离为半径,画出等势线的同心圆。然后根据电场线与等势线垂直原理,再画出电场线,标明等势线的电压大小,并指出电场强度方向,得到一张完整的电场分布图。

2. 用圆规和直尺测量出每个等势线上的 8 个点到圆心的半径 r_m 记录到表 14-1 中,并计算半径平均值 $\overline{r}_m$,以 r_0 为约定真值求各等势线半径的相对误差。

表 14-1　半径数据记录及处理参考表

U_r'/V		1.0	2.0	4.0	6.0	8.0
理论值 r_0/mm		57.2	43.6	25.4	14.8	8.6
实验值 r_m/mm	1					
	2					
	3					
	4					
	5					
	6					
	7					
	8					
实验平均值 $\overline{r}_m$						
相对误差 $E_r = \dfrac{|\overline{r}_m - r_0|}{r_0} \times 100\%$						

【思考题】

怎样由所测的等势线绘出电场线?电场线的方向如何确定?

实验十五

迈克尔孙干涉仪的调整和波长的测量

迈克尔孙干涉仪是 1883 年美国物理学家迈克尔孙(A. A. Michelson)和莫雷(E. W. Morley)合作,为研究"以太漂移"而设计制造出来的精密光学仪器。它利用分振幅法产生双光束以实现干涉。通过调整该干涉仪,可以产生等厚干涉条纹,也可以产生等倾干涉条纹,可用于光谱线精细结构的研究,利用光波标定标准米尺,测定微小长度、光的波长、透明体的折射率等。后人利用该仪器的原理,研究出了多种专用干涉仪,这些干涉仪在近代物理和近代计量技术中被广泛应用。

【实验目的】

1. 了解迈克尔孙干涉仪的特点,学会调整和使用;
2. 利用单色点光源的非定域干涉现象,测量单色光波长。

【实验原理】

1. 迈克尔孙干涉仪干涉原理

采用不同光源时,迈克尔孙干涉仪产生的干涉图样的性质不同。当采用扩展光源(平面光源)时,迈克尔孙干涉仪产生的干涉属于薄膜干涉,可分别观察到等倾干涉和等厚干涉图样;当采用**点光源**时,干涉现象不属于薄膜干涉范畴,观察到的将是类似"杨氏双孔干涉"的非定域干涉。在激光器发明之前,亮度足够高的点光源十分难以获得,迈克尔孙干涉仪实验大多采用扩展光源。但是采用扩展光源的迈克尔孙干涉仪调整比较困难。采用点光源来调节迈克尔孙干涉仪比较容易获得干涉图样。

图 15-1(a)是迈克尔孙干涉仪的光路图。图中 S 为光源支架,用来支撑多光束激光点光源。G_1 是分束板,G_1 的一面镀有半反射膜,使投射在上面的光线一半反射另一半透射。G_2 是补偿板,M_1,M_2 为平面反射镜,E 为接收屏。

光源 S 发出的光沿垂直于 M_2 方向以 45°角射入分束板 G_1,在半反射膜上分成两束光:光束(1)经 G_1 板内部折向 M_1 镜,经 M_1 反射后返回,再次穿过 G_1 板,到达屏 E;光束(2)透过半反射面,穿过补偿板 G_2 射向 M_2 镜,经 M_2 反射后,再次穿过 G_2,由 G_1 下表面反射到达接收屏 E,两束光相遇发生干涉。

补偿板 G_2 的材料和厚度都和 G_1 板的相同,并且与 G_1 板平行放置。注意到光束(1)从光源 S 发出后,三次穿过玻璃板 G_1,G_2 的作用是使光束(2)也三次经过玻璃板,从而使两光路完全相同,两束光的光程差只取决于 M_1 镜与 M_2 镜之间的相对位置。

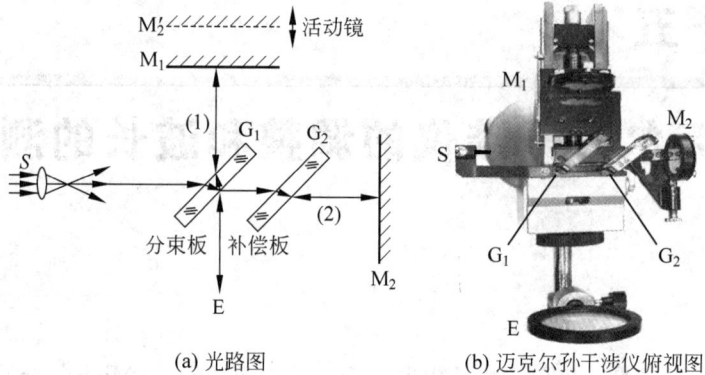

(a) 光路图   (b) 迈克尔孙干涉仪俯视图

图 15-1 迈克尔孙干涉仪原理

本实验采用 He-Ne 激光器作为光源,激光通过短焦距透镜 L 汇聚成一个强度很高的点光源 S,由图 15-1 可见,从接收屏 E 处向 M_1 方向看去时,将会看到光源 S 在 M_1 镜和 M_2' 镜中的两个像 S' 和 S'',如同图 15-2 所示。显然 S' 和 S'' 是相干光源,它们发出的光在相遇的整个区域都干涉,因而干涉是非定域的,不需要汇聚透镜,用毛玻璃屏就可以观察到干涉条纹——一些列同心圆环。

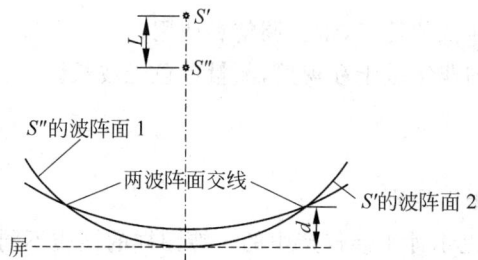

图 15-2 两个点光源的干涉

下面以条纹中心"圆斑"为例讨论干涉原理。如图 15-2 所示,迈克尔孙干涉仪使两点光源发出的光到达该点处时的光程差,只决定于两点光源之间的空间距离

$$L = 2d$$

式中,d 是 M_1 镜和 M_2' 镜之间的距离。由相长干涉条件知

$$L = \pm 2k \frac{\lambda}{2} \quad (k = 0, 1, 2, \cdots)$$

时,干涉条纹中心是亮斑;

$$L = \pm (2k+1) \frac{\lambda}{2} \quad (k = 0, 1, 2, \cdots)$$

时,干涉条纹中心是暗斑。

重要的是,当 L 改变一个波长,也就是 d 改变二分之一波长时,中央斑完成一个周期的亮暗变化。或者说,我们转动手轮,使中央亮斑完成一个周期的变化时,动镜 M_1 恰好移动半个波长。利用迈克尔孙干涉仪的长度测量机构,可以测量出这个长度。

2. 调节 S' 和 S'' 的连线与精密丝杠中心轴平行,在屏幕上呈现清晰干涉同心圆环的原理如图15-2所示,从点光源 S',S'' 发出的两个球面波在空间相遇,两球面交线只能是圆,并且圆心一定在两球心(两点光源)的连线上。如果屏幕恰好垂直于这两个球心的连线,我们可以在屏幕上观察到圆形干涉条纹。由于不同波阵面的交线都是圆,且圆心都在同一条直线上,所以可以判定干涉条纹是一系列同心圆。特别地,如果两波阵面都刚好到达屏幕,都和屏幕相切,则切点处干涉图案是一个"圆斑",根据几何原理,这个"圆斑"也必定在两点光源的连线上。

如果屏幕不垂直于 S',S'' 的连线,或者说 S' 和 S'' 的连线与精密丝杠中心轴不平行时,干涉图样条纹中心就不会呈现在屏幕上。必须调节两镜后的螺丝,将条纹中心调整到屏幕中心附近。

怎样能使 S' 和 S'' 之间的连线平行于精密丝杠中心轴呢?

参考图 15-3,假如两点光源之间连线与精密丝杠的轴线 OO' 不平行,S' 不在预定直线上。转动鼓轮调节动镜 M_1 在主尺上 32～33 mm 附近,使 S' 和 S'' 相互接近,S' 与 S'' 之间的连线方向会发生变化,与屏幕的交点 P 不断远离屏幕中心(图中 P' 点)。当我们把干涉条纹中心(即 P' 点)调回屏幕中心,也就把 S' 向精密丝杠的轴线方向移近了一些。不断重复这一步骤,最终会使两点光源重合,这时两个点光源都处在 OO' 上。

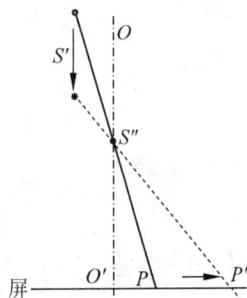

图 15-3 点光源位置的调节

同时,S' 和 S'' 越是接近,从屏幕角度看,两者的波阵面半径就越接近,两球面间交角就越小,在半个波长的有效厚度上,两球面相交区域就越宽,条纹也就越粗。当 S' 和 S'' 重合时,两者的相干球面完全重合,屏幕上就只有一个亮斑了。

怎样才能知道 S' 和 S'' 是相互接近的呢? 由图 15-2 和图 15-3 可见,假定 S'' 不动,当 S' 向 S'' 方向移动时,波阵面 1 与波阵面 2 之间发生相对移动,两交点相互接近,说明干涉图样是向中心收缩的,反之,干涉图样是向外扩张的。由此可知,欲使 S' 和 S'' 相互接近,只要转动鼓轮使干涉条纹向心收缩即可。经过一段时间的收缩,会发现中央亮斑从屏幕中心附近移走了,再次调节镜背面的螺丝,把中央亮斑调回到屏幕中心。在这同时,可以观察到条纹变粗。继续转动鼓轮让条纹向心收缩,等到中央亮斑移走后,再次把它调回屏幕中心。不断重复这个步骤,直到整个屏幕被中央亮斑充满。注意,当屏幕上干涉圆环很粗时,用镜背后的螺丝已经不能对中央亮斑进行调节了,因为轻轻动一下螺丝,条纹就会剧烈抖动,这时换用 M_2 镜下的两颗拉簧螺丝,同时换用微动鼓轮进行调节。至此调节完成。在这一步之后,请不要再拧动调节镜面角度的螺丝。

3. 干涉法测波长原理

在迈克尔孙干涉仪的干涉现象中,无论是等倾干涉、等厚干涉还是点光源的非定域干涉,都可以用来测量光的波长。采用 HNL-55700 型多光束 He-Ne 激光器做点光源时,迈克尔孙干涉仪调整方便、原理简明,因此在本实验中,我们选择点光源法。

如前所述,中央亮斑的一个周期性变化,对应两点光源之间有一个波长的相对移动。如果这个移动正好发生在精密丝杠的轴线方向上,我们就可以通过迈克尔孙干涉仪的长度测量机构测出这个长度。并且,可以通过连续记录多个中央亮斑的变化,把多个波长"串接"到精密丝杠的轴线上,利用逐差法,尽可能消除随机误差,从而比较精确地测出波长。可见,做到点光源的移动路径与精密丝杠平行成为成功测量的关键,这也正是"调整迈克尔孙干涉仪"要实现的首要目标。

【实验仪器】

WSM-100 型迈克尔孙干涉仪(图 15-4)、HNL-55700 型多光束 He-Ne 激光器。

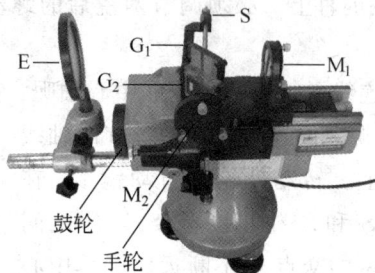

图 15-4　迈克尔孙干涉仪

【注意事项】

1. 调节螺钉和转动手轮时,一定要轻、慢,决不允许强扭硬扳。
2. 反射镜背后的粗调螺钉不可旋得太紧,以防止镜面变形。
3. 切勿用手触摸光学表面。
4. 测量中,转动手轮只能缓慢地沿一个方向前进(或后退),否则会引起较大的回程差。

【实验内容与步骤】

1. 利用单色点光源调节迈克尔孙干涉仪

(1) 调节干涉仪以获得干涉图样

① 去掉迈克尔孙干涉仪上的保护套,调节底脚螺丝使仪器基本水平。将激光器的一个光纤尾端沿垂直于 M_2 方向固定到迈克尔孙干涉仪的光源支架 S 上,打开激光器电源。

② 从屏幕位置向 M_1 镜方向看去,可以看到两排亮点,找到每排亮点中最亮的一个。合理调节 M_1 镜和 M_2 镜背后的六颗螺丝,使两个最亮的光点重合(实际上是以外侧最暗的亮点来判断重合情况)。转动鼓轮使 M_1 镜在主尺上 32～33 mm 附近,竖起屏幕观察是否有一系列同心圆环。如果没有圆环,可能是因为 S' 和 S'' 的连线与精密丝杠中心轴不平行于造成的,需要步骤(2)调节。

(2) 调节两镜后的螺丝,将条纹中心调整到屏幕中心附近

缓慢转动鼓轮,使干涉条纹向心收缩,可能会发现干涉圆环出现在屏幕中了,再调节镜背面的螺丝,把中央圆环调回到屏幕中心。或者反向转动鼓轮再调节镜背面的螺丝,把中央圆环调回到屏幕中心。在这同时,可以观察到条纹变粗。继续转动鼓轮让条纹向心收缩,等到中央亮斑移走后,再次把它调回屏幕中心。不断重复这个步骤,直到整个屏幕被中央亮斑充满。注意,当屏幕上干涉圆环很粗时,用镜背后的螺丝已经不能对中央亮斑进行调节了,

因为轻轻动一下螺丝,条纹就会剧烈抖动,这时请换用 M_2 镜下的两颗拉簧螺丝,同时换用手轮进行调节。完成操作之后,请不要再拧动调节镜面角度的螺丝。

(3) 向任意方向转动鼓轮,一直到中央亮斑的直径收缩到 2 cm 左右。

(4) 转动鼓轮,使窗口里的刻度对准任意一个小的刻度值,沿使条纹吐出的方向转动手轮至少三圈以上,以检验两个零点的配合情况。注意,在这以后,不能再反向转动手轮,否则会破坏两者之间的零点配合关系并引入回程差。

2. 用点光源的非定域干涉测量激光的波长

(1) 沿条纹冒出的方向转动手轮,初步感受一下手轮转动和中央条纹冒出量之间的关系,为测量做好准备。

(2) 每冒出 $N=50$ 个中央亮斑,记录一次主尺、鼓轮读数窗口及手轮上的读数,连续读取 10 组数据($d_0, d_1, \cdots, d_9$),记录到表 15-1 中。注意:鼓轮读数窗口中只读取 2 位数字,不估读;手轮上读取 3 位数字,最后一位是估读数字。如图 15-5 所示的读数为 33.522 46 mm。

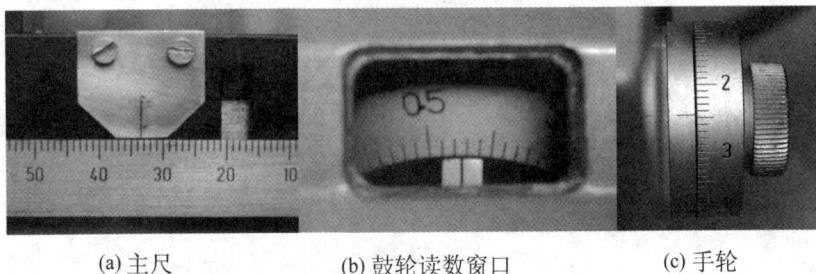

(a) 主尺　　　　　　(b) 鼓轮读数窗口　　　　　(c) 手轮

图 15-5　迈克尔孙干涉仪读数装置

(3) 将数据平分为两组,用逐差法处理求 Δd,按 $\Delta \bar{d} = \dfrac{1}{2} N \bar{\lambda}$ 算出 $\bar{\lambda}$,计算百分误差。

【实验结果与数据处理】

1. 将数据平分为两组,用逐差法处理求 Δd。

表 15-1 数据记录与处理参考表

"缩进"或"冒出"环数 k	0	50	100	150	200	250	300	350	400	450
	d_0	d_1	d_2	d_3	d_4	d_5	d_6	d_7	d_8	d_9
d_i/mm										

$$\overline{\Delta d} = \frac{(d_9 - d_4) + (d_8 - d_3) + \cdots + (d_5 - d_0)}{5 \times 5} =$$

2. 按 $\Delta \overline{d} = \dfrac{1}{2} N \overline{\lambda} (N = 50)$ 算出 $\overline{\lambda}$,并与标准值比较计算百分误差。

$$\overline{\lambda} = \frac{2\,\overline{\Delta d}}{50} = \underline{\hspace{2cm}} \text{ nm}$$

$$E_\lambda = \frac{|\lambda - \lambda_0|}{\lambda_0} \times 100\% = \underline{\hspace{2cm}} \% \quad (\lambda_0 = 632.8 \text{ nm})$$

【思考题】

实验中,当干涉条纹从中央冒出时,M_1 与 M_2' 是处于相互接近中,还是正在相互远离?为什么?

实验十六

光纤通信性能测试

光纤是光导纤维的简写,是一种利用光在玻璃或塑料制成的纤维中的全反射原理而制成的光传导工具。香港中文大学前校长高锟和 George A. Hockham 首先提出光纤可以用于通信的设想,高锟因此获得 2009 年诺贝尔物理学奖。光纤是利用光波作为信息载体达到通信的目的,它具有价格低廉、体积小、重量轻、保密性高、通信系统所占空间小等优点,解决了地下通道拥挤的问题,备受业内人士的青睐。

随着网络时代的到来,人们对通信的带宽、速度要求越来越高,而光纤通信具有宽频带、高速、不受电磁干扰等一系列优点,正在迅猛发展。音频信号光纤通信实验可以让我们了解光纤通信的基本原理。

【实验目的】

1. 了解光纤通信的基本工作原理;
2. 熟悉光纤通信中的光纤、半导体电光管/光电管的工作原理和部分特性;
3. 了解音频信号光纤通信系统的结构及调试技术。

【实验原理】

光纤通信系统的基本工作原理是:将信息(语音、图像、数据等)按一定的方式调制到载运信息的光波上,经光纤传输到远端的接收器,再经解调将信息还原并输出。

1. 光纤简介

常用光纤是由各种导光材料做成的纤维丝。其结构分两层:内层为纤芯,直径为几微米到几十微米;外层称包层,包层外面常有塑料外套保护光纤,如图 16-1 所示。

实验表明,当光线从折射率为 n_1 的介质入射到折射率为 n_2 的介质时,在介质分界面上将产生折射现象,如图 16-2 所示。其规律是:入射角与折射角的正弦之比与两种介质的折射率成反比,即:$\sin\varphi_1/\sin\varphi_2 = n_2/n_1$,其中折射率 n_2 是其包层介质的折射率。因 $n_2 < n_1$,则 $\varphi_1 < \varphi_2$,当入射角 φ_1 增大到某一角度 φ_c 时,折射角将等于 90°,这时入射光线不再进入包

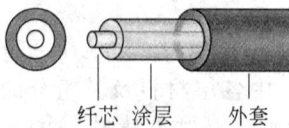

纤芯 涂层 外套

图 16-1　光纤结构示意图

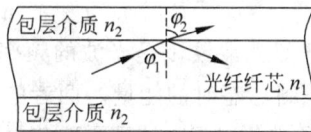

包层介质 n_2　φ_2

φ_1　光纤纤芯 n_1

包层介质 n_2

图 16-2　光纤通信原理图

层介质,而开始产生全反射,此时的入射角称为**临界角**。当 φ_1 继续增大时,就发生全反射,光在光纤中沿轴向前传播,这就是光纤通信原理。

2. 系统组成

图 16-3 为音频信号光纤通信原理图,它主要包括三部分:半导体发光二极管 LED 及其驱动、调制电路组成的光信号发生器,传输光纤和由硅光电池(一种半导体光电二极管 SPD)、前置电路和功放电路组成的光信号接收器。光纤传输过程中,将音频信号转变成光信号和将光信号还原为音频信号是整个系统的关键,下面分别介绍。

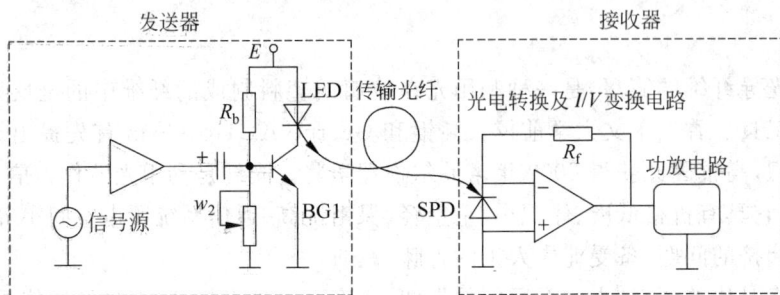

图 16-3 音频信号光纤通信实验系统原理图

3. 光信号发生器

(1) 半导体发光二极管 LED 简介

光纤通信系统对光源器件在发光波长、电光功率、工作寿命、光谱宽度和调制性能等许多方面均有特殊要求。目前在以上各个方面都能较好满足要求的光源器件主要有半导体发光二极管(简称 LED)和半导体激光器(简称 LD)。本实验用的是半导体发光二极管。

半导体发光二极管是将电能转换成光能的转换器。如图 16-4 所示的 NPP 三层结构的半导体器件,中间层通常是由直接带隙的 GaAs(砷化镓)P 型半导体组成,称有源层,其带隙宽度较窄;两侧分别由 AlGaAs 的 N 型和 P 型半导体组成,与有源层相比,它们都有较宽的带隙。具有不同带隙宽度的两种半导体单晶之间的结构称为异质结。在图 16-4 中,有

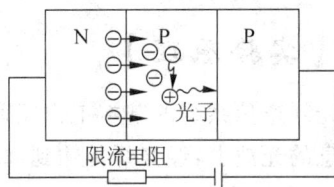

图 16-4 发光二极管(LED)结构示意图

源层与左侧的 N 层之间形成的是 PN 异质结,而与右侧的 P 层之间形成的是 PP 异质结,故这种结构又称 NPP 双异质结构,简称 DH 结构。当给这种结构加上正向偏压时,就能使电子从 N 层向有源层运动,这些电子进入有源层后,因受到右边 PP 异质结的作用不能再进入右侧的 P 层,它们只能被限制在有源层内与空穴复合。在电子与空穴复合的过程中,有不少电子要释放出能量满足以下关系的光子:

$$h\nu = E_1 - E_2 = E_g \tag{16-1}$$

其中 h 为普郎克常数,ν 是光波的频率,E_1 是有源层内电子的能量,E_2 是电子与空穴复合后处于价健束缚状态时的能量。两者的差值 E_g 与 DH 结构中各层材料及其组分的选取等多种因素有关,制作 LED 时只要这些材料的选取和组分控制适当,就可使得 LED 的发光中心波长与传输光纤的低损耗波长一致。

（2）LED 驱动和调制电路

驱动和调制电路的作用是选择一个适当的基础电流（称为偏置电流），在此基础上被传音频信号经放大后加到驱动电流上（称为调制），使其变为随音频信号变化的电信号，再使其通过发光二极管成为光强随被传音频信号变化的光信号。光纤通信系统发送端 LED 的驱动和调制电路如图 16-3 所示。以三极管为主组成的电路是 LED 的驱动电路，调节这一电路中的 W_2 可使 LED 的偏置电流在 $0\sim30$ mA 的范围内变化。被传输的音频信号经由 IC1 组成的音频放大电路放大后再经电容器耦合到三极管的基极，对 LED 的工作电流进行调制，从而使 LED 发送出光强随音频信号变化的光信号，并经光导纤维把这一信号传至接收端。半导体发光二极管的光是经称为尾纤的光导纤维输出的，光在光纤出口处的光功率与 LED 驱动电流的关系称 LED 的电光特性。为了避免和减少非线性失真，使用时偏置电流 I 一般应取在这一特性曲线线性部分中点，而调制信号的峰-峰值应位于电光特性的直线范围内。对于非线性失真要求不高的情况下，也可将偏置电流选为 LED 最大允许工作电流的一半，这有利于信号的远距离传输。

4．光信号接收器——半导体光电二极管 SPD 简介

光电二极管和发光二极管相似，核心也是 PN 结，但光电二极管 SPD 的任务，是把传输光纤出射端输出光信号的光功率转变为与之成正比的光电流 I_f。然后经转换电路，再把光电流转换成电压 V_f 输出，V_f 与 I_f 之间有以下比例关系：

$$V_f = R_f I_f$$

因此，可从电阻上测量输出信号大小或用扬声器输出音频信号。

调节发送端 LED 的偏置电流，从零开始，每增加 2 mA 读取一次接收端输出电压 V_f，根据已测得的 LED 光纤组件的反馈电阻 $R_f = 23.7$ kΩ 的值，便可由这些测量数据算出被测硅光电池的光电特性曲线。由这一曲线，就可按下面公式算出被测量光电池的响应度：

$$R = \frac{\Delta I_f}{\Delta P_0}$$

其中 ΔP_0 表示两个测量点对应的入射光功率的差值，ΔI_f 为对应的光电流的差值。由于硅光电池具有很好的线性度，故一般选取零光功率输入和最大光功率输入情况下对应的两个测量点进行测量。响应度 R 是一个宏观上表征光电二极管光电转换效率的一个重要参数。

【实验仪器】

光纤音频信号传输实验仪（图 16-5）、传输光纤、导线。

【实验内容与步骤】

1．开机预热 10 分钟，用两根两端为两芯插头的连接线，一端插入面板上光纤的"发送"与"接收"插孔，另一端分别插入光纤接口光照插孔。将红黑两条导线分别连接"数字直流电压表"的电压输入和电路图中电压表正负两端，如图所示 16-5 所示。

2．将"输出增益"电位器 RW_3 顺时针调至最大，其余电位器逆时针调至最小。RW_1 调至最小时，偏置电路即直流毫安表 I_D 显示为 0，此时调节光功率计"调零"显示为 0，选择直流电压表 $2V$ 量程，此后电位器 RW_2 和 RW_4 均调至中间位置。

3．开始测量，调节发光强度电位器 RW_1，每隔 2mA 改变 I_D 从 $0\sim20$mA 变化（由 mA

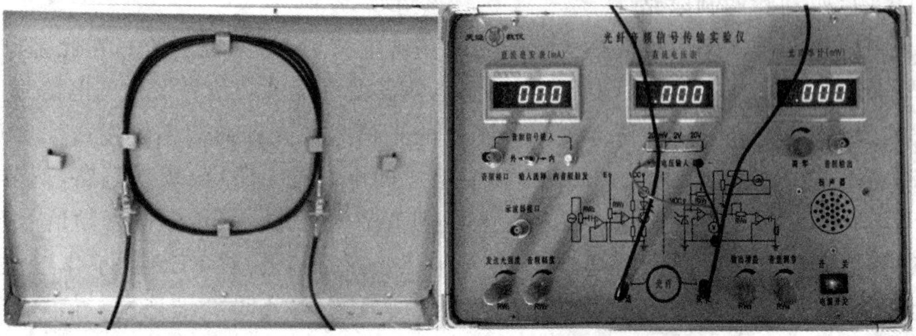

图 16-5　光纤音频信号传输实验仪

表读出),可以同时记录光电二极管输出电压 U_o 和光功率计 P_o 填入表格。

4. 根据测量数据用直角坐标纸描绘 LED 电光特性 I_D-P_o 曲线和光电二极管 SPD 的光电特性 P_o-I_f 曲线。(R_f=197kΩ)。

【实验结果与数据处理】

1. 调节发光强度电位器 RW_1，每隔 2mA 改变 I_D 从 0～20mA 变化（由 mA 表读出），同时记录光电二极管输出电压 U_0 和光功率计 P_0 填入表格 16-1。由 $I_f = V_f/R_f(\mu A)$ $R_f = 197k\Omega$ 计算 I_f，并根据表格绘制 $P_0 - I_D$（I_D 为横坐标自变量）和 $I_f - P_0$（P_0 为横坐标自变量）关系曲线。

表 16-1　发光二极管 LED 的电光特性和光电二极管 SPD 光电特测量数据记录参考表

I_D/mA	0	2	4	6	8	10	12	14	16	18	20
$P_0/\mu W$											
V_f/mV											
$I_f/\mu A$)											

2. 由 $I_f - P_0$ 曲线及其实验数据，利用下式求出光电二极管 SPD 的响应度。

$$R = \frac{\Delta I_f}{\Delta P_0} = \underline{\hspace{2cm}} \left(\frac{A}{W}\right)$$

【思考题】

光纤通信的基本工作原理是什么？

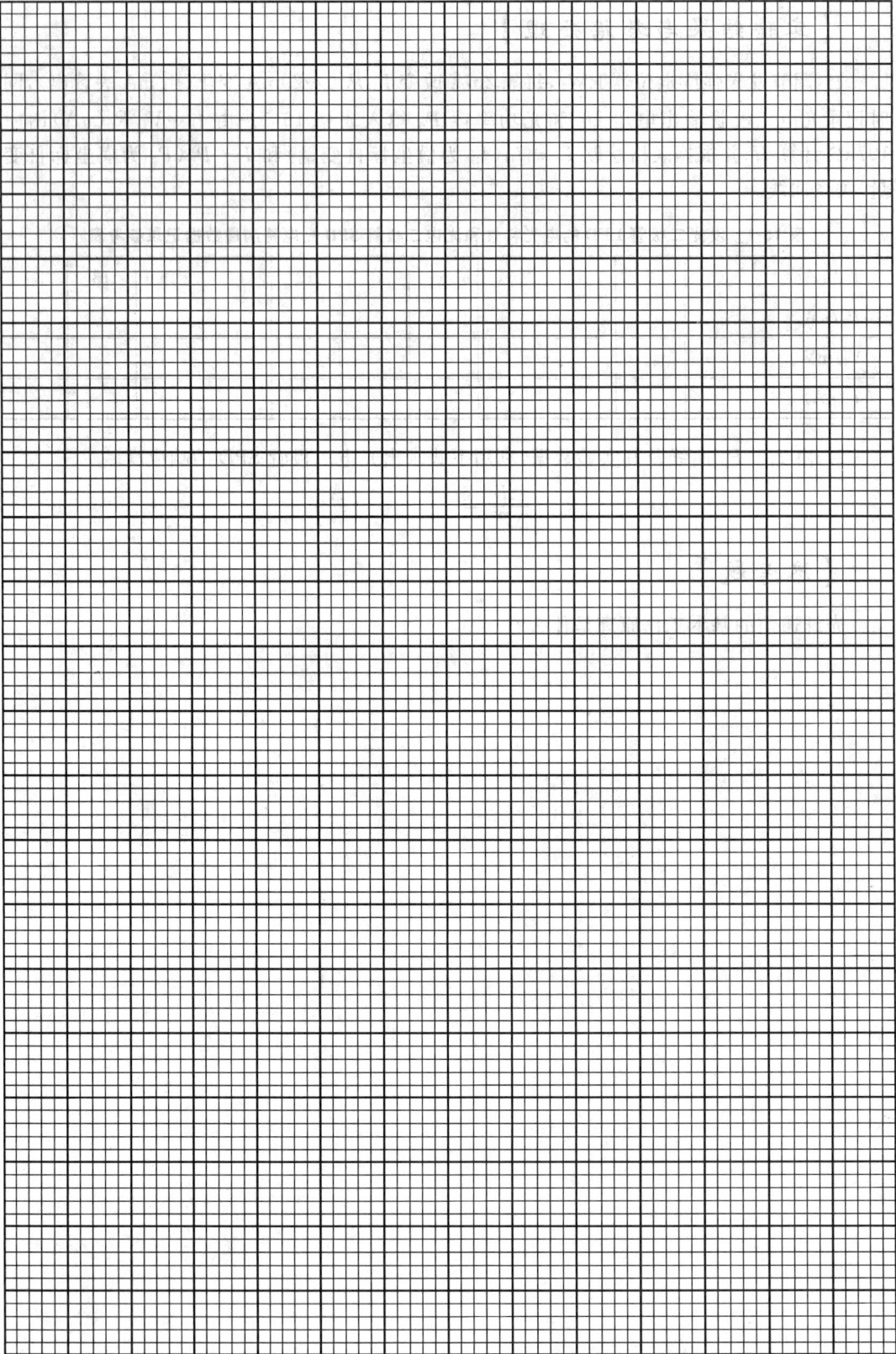

实验十七

用光电效应实验测定普朗克常数

当光束照射到某些金属表面上时,会有电子从金属表面即刻逸出,这种现象称为**光电效应**。光电效应现象最早由赫兹于 1887 年,在验证麦克斯韦电磁理论的火花放电实验时偶然发现的。1900 年普朗克发表了能量子的假设,成功地解决了黑体辐射的问题后,爱因斯坦对普朗克的能量子假设进行了研究,把量子论应用到光辐射和光吸收过程中去,提出了光量子的假设,完美解决了光电效应问题,爱因斯坦也因此而获得 1921 年诺贝尔物理学奖。

对光电效应现象的研究,使人们进一步认识到光的波粒二象性的本质,促进了光的量子理论的建立和近代物理学的发展。光电效应是近代物理学的基础实验之一,正是由于发现了光电效应现象,才使现代量子物理在理论研究和技术应用上都有了长足的进展。近 30 年来,光电效应广泛应用于工业、军事等领域,特别是光电管在现代技术中(如光学信号、夜视器材、电视、有声电影、自动控制与自动计量等方面)有着广泛的应用,光电功能材料也正越来越受人们的青睐。

【实验目的】

1. 了解光电效应的基本规律;
2. 验证爱因斯坦的光电效应方程,并用光电效应测定普朗克常数。

【实验原理】

1. 光量子假设

1905 年爱因斯坦在解释光电效应时,提出"光量子"假设,认为光是由光子组成,频率为 ν 的光子具有能量为 $h\nu$(h 为普朗克常数,目前公认标准值 $h = 6.6260755 \times 10^{-34}$ J·s)。当光照射到金属表面时,光子一个一个地打到它表面上,金属中的电子要么不吸收能量,要么就吸收一个光子的全部能量,只有光子能量大于电子脱离金属表面约束所需要的逸出功时,电子才会以一定的初动能逸出金属表面而形成光电子,根据能量守恒有:

$$\frac{1}{2}mv^2 = h\nu - W \tag{17-1}$$

此式称为**爱因斯坦光电效应方程**。它成功地解释了光电效应的基本实验事实:①光电子的初动能 $mv^2/2$ 与入射光频率呈线性关系,与入射光的强度无关;②由于每种金属的逸出功 W 是固定的,因此,能产生光电流的条件是 $h\nu - W \geqslant 0$,即只有入射光的频率 $\nu_0 \geqslant W/h$ 时,电子才能逸出金属表面而形成光电流,此频率称为截止频率或**红限频率**。当入射光的频率小于 ν_0 时,不论光的强度如何、照射时间多长,都不产生光电效应。

2. 实验验证爱因斯坦光电效应方程,并测定普朗克常数

光电效应法测定普朗克常数 h 的实验原理如图 17-1 所示,当频率为 $\nu(\nu \geqslant \nu_0)$ 的光照射在光电管的阴极 K 上时,立即有光电子从阴极逸出,形成**光电流**。当在阴极 K 和阳极 A 之间加有反向电压 U 时,电极 K,A 之间建立起电场,该电场对光电子起减速作用。随着反向电压 U 的增加,光电子的动能因减速电场的作用而降低,到达阳极的光电子数目将逐渐减少,电流表 G 显示的光电流强度也逐渐减小。当反向电压增大为 U_c 时光电流降为零,U_c 称为**截止电压**,如图 17-2 所示。

显然,电子初动能 $\frac{1}{2}mv^2$ 与截止电压 U_c 之间有如下关系:

$$\frac{1}{2}mv^2 = eU_c \tag{17-2}$$

由式(17-1)和(17-2)可得

$$eU_c = h\nu - W \tag{17-3}$$

式两边同除电子电量 e,得

$$U_c = \frac{h}{e}\nu - \frac{W}{e} \tag{17-4}$$

式中 h,e,W 均为常数,所以每个频率 ν 对应一个截止电压 U_c,并且二者为线性关系。U_c 与 ν 呈线性关系,如图 17-3 所示,$\frac{h}{e}$ 就是一次曲线的斜率。

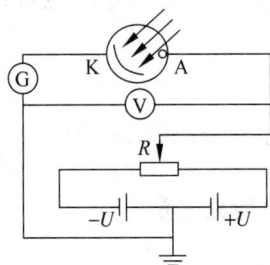

图 17-1　光电效应原理图　　　　　　图 17-2　光电管的伏安特性曲线

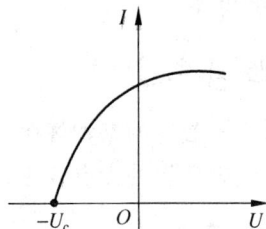

3. 光电管的实际伏安特性曲线与截止电压的确定

在制造光电管的过程中,阳极不可避免地被阴极材料所玷污,而且这种玷污在光电管使用过程中会日趋严重。在光的照射下,被玷污的阳极也会发射电子,形成阳极电流即反向电流。因此,实测电流是阴极电流与阳极电流的叠加结果,这就给确定截止电压 U_c 带来一定麻烦。暗电流、本底电流比较小,可忽略其影响,实测电流主要是阴极电流与阳极电流的叠加结果。阳极电流大且饱和快的情况下,阴极电流为零处,实测电流曲线的斜率发生突变,所以可取该点所对应的电压作为截止电压,此即拐点法求截止电压。若用作图法反向电流刚开始饱和时拐点 U_c'' 替代 U_c 有误差,适用于反向电流大且饱和快的情况。若用实测电流曲线与横轴的交点 U_c' 来替代 U_c 时也有误差,适用于正向电流上升很快,反向电流很小的情况。究竟用哪种方法,应根据不同的光电管而定。

本实验第一步:以 5 种单色光照射金属材料,测得每种单色光照射金属而发生光电效应时所对应的伏安特性数据,用作图法确定各频率 ν 所对应的截止电压 U_c,得到 5 组(ν,

U_c)数据;

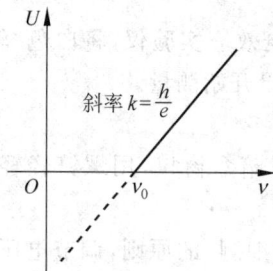

图 17-3 截止电压与入射光频率的关系

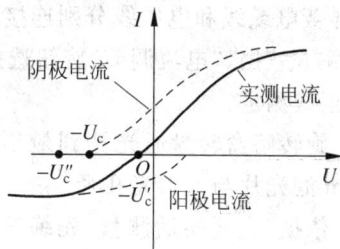

图 17-4 实际测量的 I-U 曲线

第二步:根据得到的 5 组(ν,U_c)数据,利用作图法得到截止电压与入射光频率的关系曲线,显然,该曲线的斜率即为 $k=h/e$,进而可以求出普朗克常量 h。

【实验仪器】

GD-Ⅲ型光电效应实验仪一套(包括光电管、光闸、干涉滤光片、光源、微电流测量放大器)。

图 17-5 GD-Ⅲ型光电效应实验仪

【注意事项】

1. 汞灯点亮预热后,一旦开启不要随意关闭,否则会降低其寿命。

2. 使用时,室内人员不要在靠近仪器的地方走动,以免使入射到光电管的光强有变化。

3. 仪器使用后,检查转盘通光孔旋转到最低端,以免光电管长期受光照而老化。

【实验内容与步骤】

1. 开机前准备

光电效应实验仪的屏蔽电缆线和电压线暂不连线,仪器面板上的"电流调节"旋钮预置在"短路"挡位,"电压调节"旋钮逆时针调到底,暗盒转盘通光孔旋转到低端。

2. 光电效应实验仪的预热与调零、校准

打开汞灯、光电效应实验仪电源开关,预热 15 分钟后,进行仪器的校准与调零。将中间白色"转换开关"左偏置于"调零/校准",左侧"电流调节"旋钮顺时针旋转至"校准"挡,调节"校准"旋钮使电流表至数显为"−100.00";然后将"电流调节"旋钮置于"短路"挡,调节"调零"

旋钮使电流表至数显"00.0",仪器的调零与校准完毕。

3. 光电管暗盒与光电效应实验仪的连接

用屏蔽电缆线和电压线分别连接光电管暗盒与光电效应实验仪,将白色"转换开关"右偏置于"测量"挡,"电流调节"旋钮选择$\times 10^{-5}$量程,可以开始测量。

4. 正式测量

(1) 旋转暗盒转盘通光孔到最顶端,使入射光通过暗盒窗口,用螺钉轻轻固定。选择365.0 nm 滤光片与入射光孔径。

(2) 依据"先观察后测量、先练习后测量、先粗测后细测"的原则,调节电压从$-2.20 \sim$ -0.20 V,观察电流变化特点。注意**当电流表数显超过 140 后,必须更换更大的量程**,以免造成读数误差。

(3) 波长为 365.0 nm 滤光片时,电压从-2.50 V 至 2.40 V,每隔 0.1 V 测量一次,记录一组对应的电压与电流值填入数据表 17-1 中。(建议电流起始值均为$30 \times 10^{-5} \mu$A 以上,电流如果太大或太小,则需调节汞灯距离或选择光阑通光孔径的大小,改变入射光强。)

(4) 分别换上波长为 404.7 nm、438.5 nm、546.1 nm、577.0 nm 滤光片,调整电压值使得电流值为零时记下此时的截止电压$|U_c|$填入表 17-2 中。

5. 测量完毕,请教师检查数据合理后,将"电流调节"旋钮预置于"短路"挡位,"电压调节"旋钮逆时针旋转到底,转盘通光孔旋转到低端盖住光电管暗盒窗口,关闭电源,整理桌凳后离开实验室。

【实验结果与数据处理】

1. 在下表中记录波长为 365.0 nm 的频率时的 $I-U$ 数据，并画出波长为 365.0 nm 的伏安特性曲线。

表 17-1　伏安特性 $I-U$ 数据记录参考表

入射光波长	$U_i/I_i/$	1	2	3	4	5	6	7	8	9	10
365.0 nm	U_i/V	-2.50	-2.40	-2.30	-2.20	-2.10	-2.00	-1.90	-1.80	-1.70	-1.60
	$I_i/\times10^{-11}$ A										
入射光波长	$U_i/I_i/$	11	12	13	14	15	16	17	18	19	20
365.0 nm	U_i/V	-1.50	-1.40	-1.30	-1.20	-1.10	-1.00	-0.90	-0.80	-0.70	-0.60
	$I_i/\times10^{-11}$ A										
入射光波长	$U_i/I_i/$	21	22	23	24	25	26	27	28	29	30
365.0 nm	U_i/V	-0.50	-0.40	-0.30	-0.20	-0.10	0	0.10	0.20	0.30	0.40
	$I_i/\times10^{-11}$ A										
入射光波长	$U_i/I_i/$	31	32	33	34	35	36	37	38	39	40
365.0 nm	U_i/V	0.50	0.60	0.70	0.80	0.90	1.00	1.10	1.20	1.30	1.40
	$I_i/\times10^{-11}$ A										
入射光波长	$U_i/I_i/$	41	42	43	44	45	46	47	48	49	50
365.0nm	U_i/V	1.50	1.60	1.70	1.80	1.90	2.00	2.10	2.20	2.30	2.40
	$I_i/\times10^{-11}$ A										

2. 确定截止电压，作出 U_c-v 曲线从各波长为 365.0 nm 的曲线中认真找出电流为零时的截止电压值 $|U_c|$，并记录在下表中(注截止电压取绝对值)。

表 17-2　U_c-v 数据记录参考表

入射光波长/nm	365	405	436	546	577
入射光频率 $v/\times10^{14}$ Hz	8.20	7.41	6.88	5.49	5.20
截止电压 $|U_c/V|$					

3. 根据直线的斜率 k，求出普朗克常数 h，并与公认值 h_0 比较，计算其相对误差 E_h：

$$h = k \cdot e = k \times 1.602 \times 10^{-19} \text{ J} \cdot \text{s} = \underline{\qquad} \text{ J} \cdot \text{s}$$

$$E_h = \frac{|h-h_0|}{h_0} \times 100\% = \frac{|h-6.626 \times 10^{-34}|}{6.626 \times 10^{-34}} \times 100\% = \underline{\qquad}\%$$

【思考题】

光电流是否随光源的光强变化而变化？截止电压是否随光源的光强变化而变化？

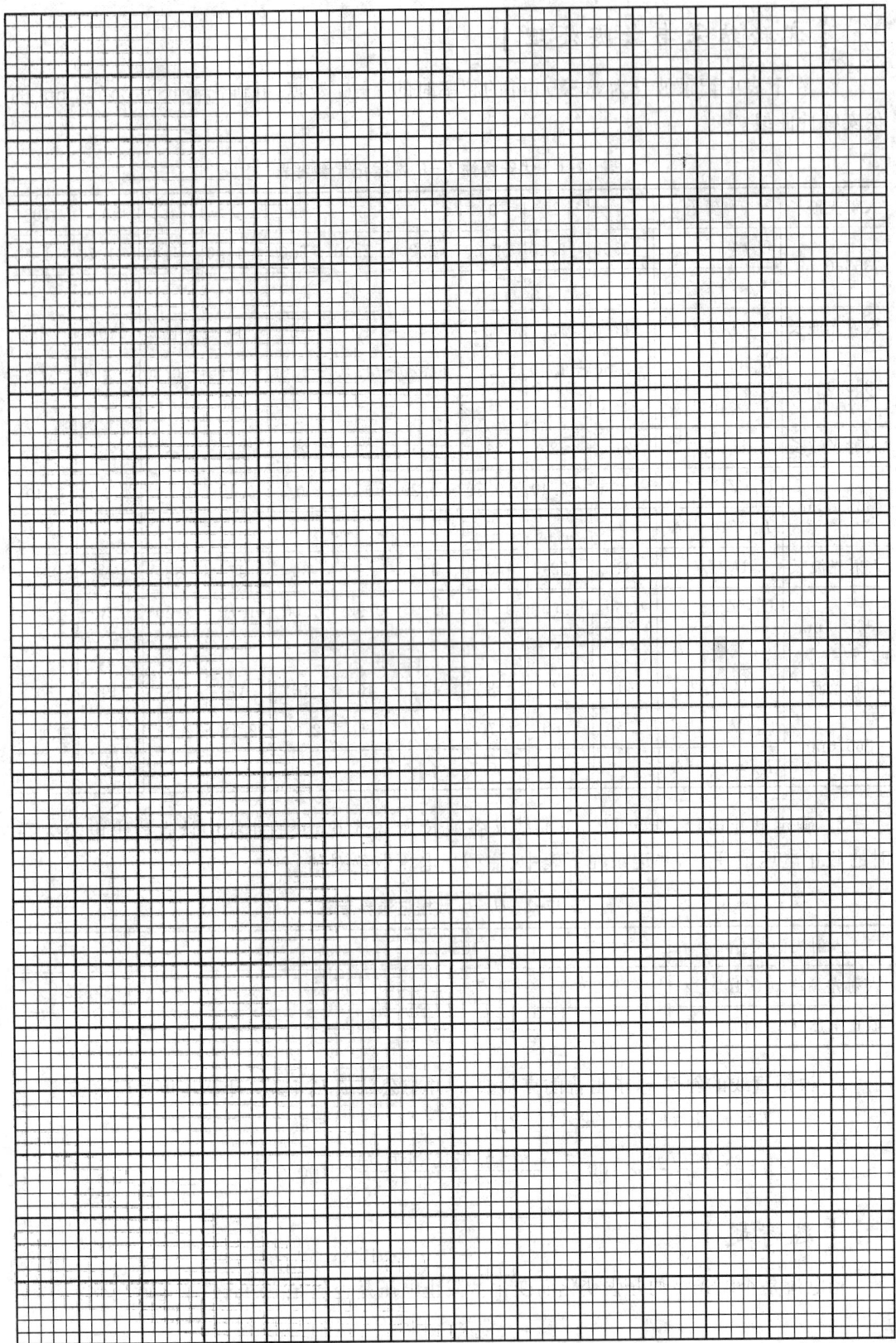

【附录】

1. 用 Excel 中的"图表向导"工具,做出五条不同波长的伏安特性曲线步骤:

(1) 选定数据表中包含所需数据的所有单元格。

(2) 单击工具栏中的"■"或点击菜单栏中的"插入(I)",选定"■图表(H)⋯"栏,进入"图表向导-4 步骤 1"的对话框,选出希望得到的图表类型。如 XY 散点图中的平滑线散点图,再单击"下一步"按其要求完成本对话框内容的输入,最后单击"完成",便可得到图表。

2. 用 Excel 中的"图表向导"工具,作出 U_c-ν 曲线步骤:

(1) 选定数据表中包含所需数据的所有单元格。(2) 单击工具栏中的"■"或点击菜单栏中的"插入(I)",选定"■图表(H)⋯"栏,进入"图表向导-4 步骤 1"的对话框,选出希望得到的图表类型。如折线图,再单击"下一步"按其要求完成本对话框内容的输入,最后单击"完成",便可得到图表。(3) 选中图表,单击菜单栏"图表"主菜单,选择"添加趋势线"命令。在弹出对话框中,选择"类型"标签中的"线性",选择"选项"标签中的"显示公式"、"显示 R 平方值"等复选框,单击"确定"便可得到拟合直线、拟合方程和相关系数 R 平方的数值。直线方程中的 x 前面的常识即是直线斜率 k。

实验十八

霍尔效应及其应用

美国物理学家霍尔(Hall Edwin Herbert,1855—1938)于 1879 年在实验中发现,当电流垂直于外磁场通过导体时,在垂直于磁场和电流方向的导体的两个端面之间会出现电势差,这一现象便是霍尔效应。这个电势差也叫做**霍尔电压**。

霍尔效应是磁电效应的一种,后来发现半导体、导电流体等也有这种效应,而半导体的霍尔效应比金属强得多。通过霍尔效应实验测定的霍尔系数,能够判断半导体材料的导电类型、载流子浓度及载流子迁移率等重要参数。如今霍尔效应不但是测定半导体材料电学参数的主要手段,而且利用该效应制成的霍尔器件已广泛用于非电量的测量、自动控制和信息处理等方面。在工业生产要求自动检测和控制的今天,作为敏感元件之一的霍尔器件,将有更广泛的应用前景。在导电流体中也会产生霍尔效应,这就是目前正在研究中的磁流体发电的理论基础。掌握这一富有实用性的实验,对日后的工作将有益处。

【实验目的】

1. 了解霍尔效应实验原理以及有关霍尔器件对材料要求的知识;
2. 学习用对称测量法消除负效应的影响,测量试样的 V_H-I_S 和 V_H-I_M 曲线;
3. 学会确定样品的导电类型、霍尔系数。

【实验原理】

霍尔效应的出现是由于导体中的载流子(形成电流的运动电荷)在磁场中受到洛伦兹力的作用发生横向漂移的结果。当载流子(电子或空穴)被约束在固体材料中时,这种偏转就导致在垂直电流和磁场方向上产生正负电荷的聚积,从而形成附加的横向电场,即霍尔电场 E_H。如图 18-1 所示的霍尔元件样品(为半导体材料),若沿 x 方向通以电流 I_S,沿 z 方向加磁场 B,则在 y 方向即样品 A-A′电极两侧就开始聚集异号电荷而产生相应的附加电场,电场的指向取决于样品的导电类型。

对于图 18-1(a)所示的 N 型霍尔元件样品,参与导电的多数载流子是电子,我们对电子在元件内部的受力情况做一简要分析:

由于参与导电的自由电子的定向漂移方向与电流方向相反,所以霍尔元件内自由电子的速度方向为沿 x 轴负方向。自由电子在磁场中进行定向漂移,受到洛伦兹力 $F_B = -ev \times B$ 的作用而向下偏。样品下表面将出现负电荷积累;上表面会形成正电荷积累。在样品的 A-A′间建立起沿 y 轴负方向电场 E_H。

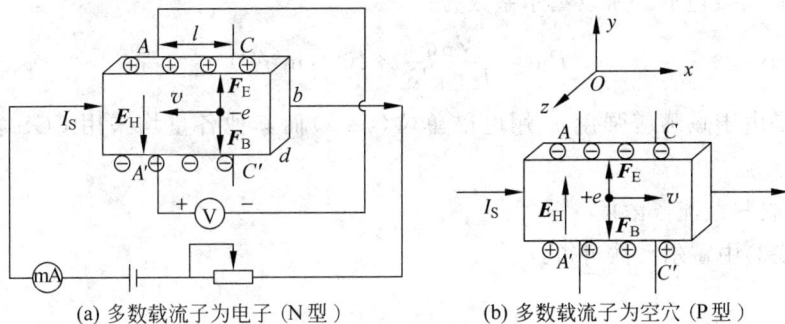

图 18-1　霍尔效应实验原理示意图

对于图 18-1(b)所示的 P 型霍尔元件样品,参与导电的多数载流子是带正电的空穴,空穴的受力情况:

空穴在磁场中沿 x 方向定向漂移的同时会受到一个沿着 y 轴方向的 F_B 而向下偏,样品的下表面将出现正电荷积累,上表面也会形成负电荷积累。在样品的 A-A$'$ 间建立起沿 y 轴方向电场 E_H。

综上所述,霍尔电场 E_H 的方向取决于样品的导电类型。对于如图 18-1 中所示的情况,即:电流 I_S 为 x 正方向、磁场 B 方向为 z 轴正方向。对于 N 型样品,E_H 为沿 y 轴负方向;对于 P 型样品,E_H 沿 y 轴方向,即:

$$E_H(y) < 0 \Rightarrow (\text{N 型半导体})$$
$$E_H(y) > 0 \Rightarrow (\text{P 型半导体})$$

显然,霍尔电场 E_H 将阻止载流子继续向侧面偏移,当载流子所受的横向电场力 eE_H 与洛伦兹力 $e\bar{v}B$ 相等时,样品两侧电荷的积累就达到动态平衡,故

$$eE_H = e\bar{v}B \tag{18-1}$$

其中 E_H 为霍尔电场,$\bar{v}$ 是载流子在电流方向上的平均漂移速度。

设样品的宽为 b,厚度为 d,载流子浓度为 n,则

$$I_S = ne\bar{v}bd \tag{18-2}$$

由(18-1)、(18-2)两式可得

$$V_H = E_H b = \frac{1}{ne}\frac{I_S B}{d} = R_H \frac{I_S B}{d} \tag{18-3}$$

即霍尔电压 V_H(A,A$'$电极之间的电压)与 $I_S B$ 乘积成正比与样品厚度 d 成反比。比例系数 $R_H = \dfrac{1}{ne}$ 称为**霍尔系数**,它是反映材料霍尔效应强弱的重要参数。

本实验可以确定以下参数:

1. 样品的导电类型

若实验中已知 I_S,B 的方向,就可判断 V_H 的正负,从而判断出半导体的导电类型。当 $V_H < 0$ 时,样品属 N 型,反之则为 P 型。

2. 霍尔系数

按(18-3)式只要测出 V_H(mV)以及知道 I_S(mA)、B(Gs)和 d(cm)可计算 R_H。实验中磁场 B 由电流 I_M 产生,磁感应强度 B 与电流 I_M(A)的关系为 $B = K_B I_M$,K_B 由生产厂家确

定并已标明磁铁线包上。所以霍尔系数为

$$R_H = \frac{V_H d}{I_S K_B I_M} \times 10^8 \, (cm^3/C) \tag{18-4}$$

式中的 10^8 是由于磁感应强度 B 用电磁单位(Gs[①])而其他各量均采用 CGS 实用单位而引入。

3. 导体材料载流子浓度

由式(18-3)中霍尔系数可得:

$$n = \frac{1}{R_H \cdot e} \, (个/cm^3) \tag{18-5}$$

如果知道霍尔系数 R_H,就可确定该材料的载流子浓度 n。

4. 电导率、载流子的迁移率 μ

(1) 电导率

根据欧姆定律与电阻的定义可知

$$\frac{V}{I_S} = R = \rho \frac{l}{S}$$

电导率 σ 为

$$\sigma = \frac{1}{\rho} = \frac{I_S}{V_\sigma} \frac{l}{S} = \frac{I_S l}{V_\sigma bd} (S/cm)$$

式中电导率 σ 为电阻率 ρ 的倒数,V_σ 为一段长为 l 的电阻 R 通有电流 I_S 时的两端电压,只要测出 $V_\sigma(mV)$ 以及知道 $I_S(mA)$、$l(mm)$、$b(mm)$ 和 $d(cm)$,就可计算 $\sigma(S/cm)$。

(2) 载流子的迁移率 μ

根据电导率 σ 与载流子浓度 n 以及迁移率 μ 之间的关系 $\sigma = ne\mu$ 知,通过实验测出 σ 值,即可求出 μ:

$$\mu = |R_H| \sigma \tag{18-6}$$

只要测出 $R_H(cm^3/C)$、$\sigma(S/cm)$ 就可求出迁移率 $\mu(cm^2/(V \cdot s))$。

根据上述可知,要得到大的霍尔电压,关键是要选择霍尔系数 R_H 大(即迁移率 μ 较高、电阻率亦较高)的材料。

【实验仪器】

TH-H 型霍尔效应实验组合仪(图 18-2)。

1. 实验仪

(1) 电磁铁

磁铁线包的引线有星标者为头,线包绕向为顺时针,根据线包绕向及电流 I_M 的比例系数 $K_B(kG_S/A)$ 标明在线包上。

(2) 霍尔元件和霍尔元件架

样品材料为半导体硅片,样品的几何尺寸为:厚度 $d = 0.5$ mm,宽度 $b = 4.0$ mm,A,C

---

① 1 Gs$= 10^{-4}$ T。

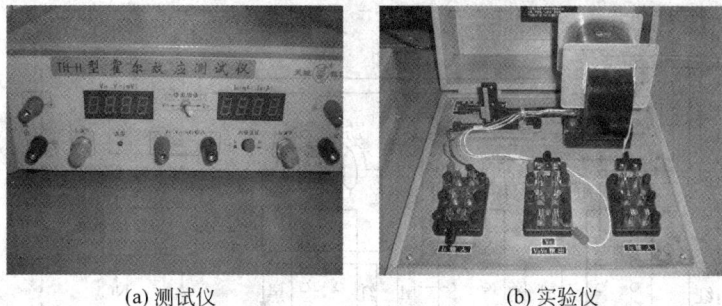

(a) 测试仪　　　　　　　　(b) 实验仪

图 18-2　霍尔效应组合实验仪

电极间距 $l=3.0$ mm。霍尔元件共有三对电极(如图 18-3 所示),其中 A,A′ 或 C,C′ 用于测量霍尔电压 V_H;A,C 或 A′,C′ 用于测量传导电压 V_σ;D,E 为样品工作电流电极。霍尔元件架具有 X,Y 调节功能及读数装置。

(3) I_S 和 I_M 换向开关及 V_H,V_σ 切换开关

I_S 及 I_M 换向开关合向上方,则 I_S 及 I_M 均为正值;反之为负值。"V_H,V_σ"切换开关合向上方测 V_H,合向下方测 V_σ。

2. 测试仪

(1) "I_S 输出"为样品输出工作电流,范围为 $0\sim10$ mA,"I_M 输出"为样品输出电流,范围为 $0\sim1$ A。两路输出电流大小通过 I_S 及 I_M 调节旋钮进行调节,可通过"测量选择"键选择 I_M 或 I_S,按下测 I_M,弹起测 I_S,由同一个数字电流表分别显示。

(2) 直流数字电压表

V_H 和 V_σ 可通过"功能切换"开关切换选择,由同一个数字电压表分别显示。电压表可通过"调零"电位器进行调零。当显示器的数字前出现"—"号时,表示被测电压为负值。

【实验内容与步骤】

1. 测绘 V_H-I_S 与 V_H-I_M 曲线

(1) 将测试仪面板上的"I_S 输出"、"I_M 输出"和"V_H,V_σ 输入"三对接线柱分别与实验仪上的三对相应的接线柱正确相连,见图 18-3。

(2) 将实验仪"V_H,V_σ"的"功能切换"开关合向上方 V_H 侧,测试仪面板上白色"功能切换"开关置 V_H,"测量选择"键按下选择电流 I_M 显示,调"I_M 调节"旋钮,取 $I_M=0.600$ A。

(3) 弹起"测量选择"键,选择电流 I_S 显示,按表 18-1 所示调节 I_S 大小,并相应地转换 I_S 输入、I_M 输入开关方向(上方为正向、下方为负向)。测出 V_H 为 V_1,V_2,V_3,V_4,将测量数据填入表 18-1 中。

(4) 调节"I_S 调节",使 $I_S=3.00$ mA,按下"测量选择"键,选择电流 I_M 显示。

(5) 按表 18-2 所示调节 I_M 大小,并相应地转换 I_S 输入、I_M 输入开关方向,测出 V_H 为 V_1,V_2,V_3,V_4,将测量数据填入表 18-2 中。

2. 确定样品的导电类型

将实验仪三组双刀开关合向上方,取 $I_S=2.00$ mA,$I_M=0.600$ A,记录 V_H 值,判断样品的导电类型。

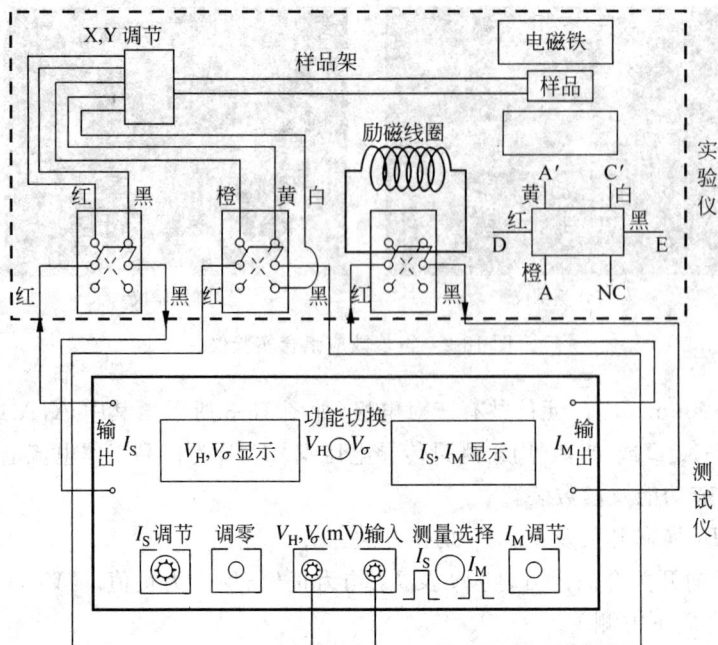

图 18-3　实验线路连接装置图

3. 从实验仪电磁铁的包线上,查出 B 与电流 I_M 的比例系数 $K_B = \underline{\hspace{2cm}} \dfrac{\mathrm{kG_S}}{\mathrm{A}} = \underline{\hspace{2cm}} \times 10^3 \dfrac{\mathrm{G_S}}{\mathrm{A}}$ 记下,利用 $I_S = 2.00 \text{ mA}$, $I_M = 0.600 \text{ A}$ 及此时的 V_H 值求样品的 R_H 与 n。

4. 选做内容:测量 V_σ 值,计算 σ 和 μ 值

(1) 将实验仪上"V_H,V_σ"切换开关投向下方 V_σ 侧,测试仪上的"功能切换"置 V_σ。

(2) 在零磁场下($I_M = 0$),使 $I_S = 2.00 \text{ mA}$,测量 V_σ。

(3) 根据实验结果计算 σ 和 μ 值。

5. 关机前,应将"I_S 调节"旋钮逆时针方向旋到底,使其输出电流趋于零,然后才可切断电源,整理仪器。

【实验结果与数据处理】

1. 分别记录 V_H-I_S、V_H-I_M 实验数据，并用毫米方格纸画出 V_H-I_S 和 V_H-I_M 直线。

表 18-1　$I_M = 0.600$ A 时，V_H-I_S 实验数据记录与处理参考表

I_S/mA	V_1/mV $+B, +I_S$	V_2/mV $+B, -I_S$	V_3/mV $-B, +I_S$	V_4/mV $-B, -I_S$	$V_H = \dfrac{V_1 - V_2 - V_3 + V_4}{4}$/mV
1.00					
1.50					
2.00					
2.50					
3.00					
3.50					
4.00					

表 18-2　$I_S = 3.00$ mA 时，V_H-I_M 实验数据记录与处理参考表

I_M/A	V_1/mV $+B, +I_S$	V_2/mV $+B, -I_S$	V_3/mV $-B, +I_S$	V_4/mV $-B, -I_S$	$V_H = \dfrac{V_1 - V_2 - V_3 + V_4}{4}$/mV
0.300					
0.400					
0.500					
0.600					
0.700					
0.800					

2. 在表 18-1 中找出 $I_S = 2.00$ mA，$I_M = 0.600$ A 时的 V_H 值，确定样品的导电类型。

3. 从实验仪电磁铁的线包上查出 B 的大小与 I_M 之间的比例系数 $K_B\left(\dfrac{\text{kG}_S}{\text{A}}\right)$，并求 R_H（$I_S = 2.00$ mA，$I_M = 0.600$ A 时的 V_H 值），n 值。

$$K_B = \underline{\qquad}\frac{\text{kG}_S}{\text{A}} = \underline{\qquad} \times 10^3 \frac{\text{G}_S}{\text{A}}, \quad d = 0.05 \text{ cm}$$

$$R_H = \frac{V_H(\text{mV})d(\text{cm})}{I_S(\text{mA})K_B(\text{G}_S/\text{A})I_M(\text{A})} \times 10^8 = \underline{\qquad} \text{cm}^3/\text{C}$$

$$n = \frac{1}{|R_H \cdot e|} = \underline{\qquad} \text{个/cm}^3$$

4. （选作）$\sigma = \dfrac{1}{\rho} = \dfrac{I_S}{V_\sigma} \dfrac{l}{S} = \dfrac{I_S l}{V_\sigma bd} = \underline{\qquad}$ S/cm

【思考题】

霍尔电压是怎样形成的？

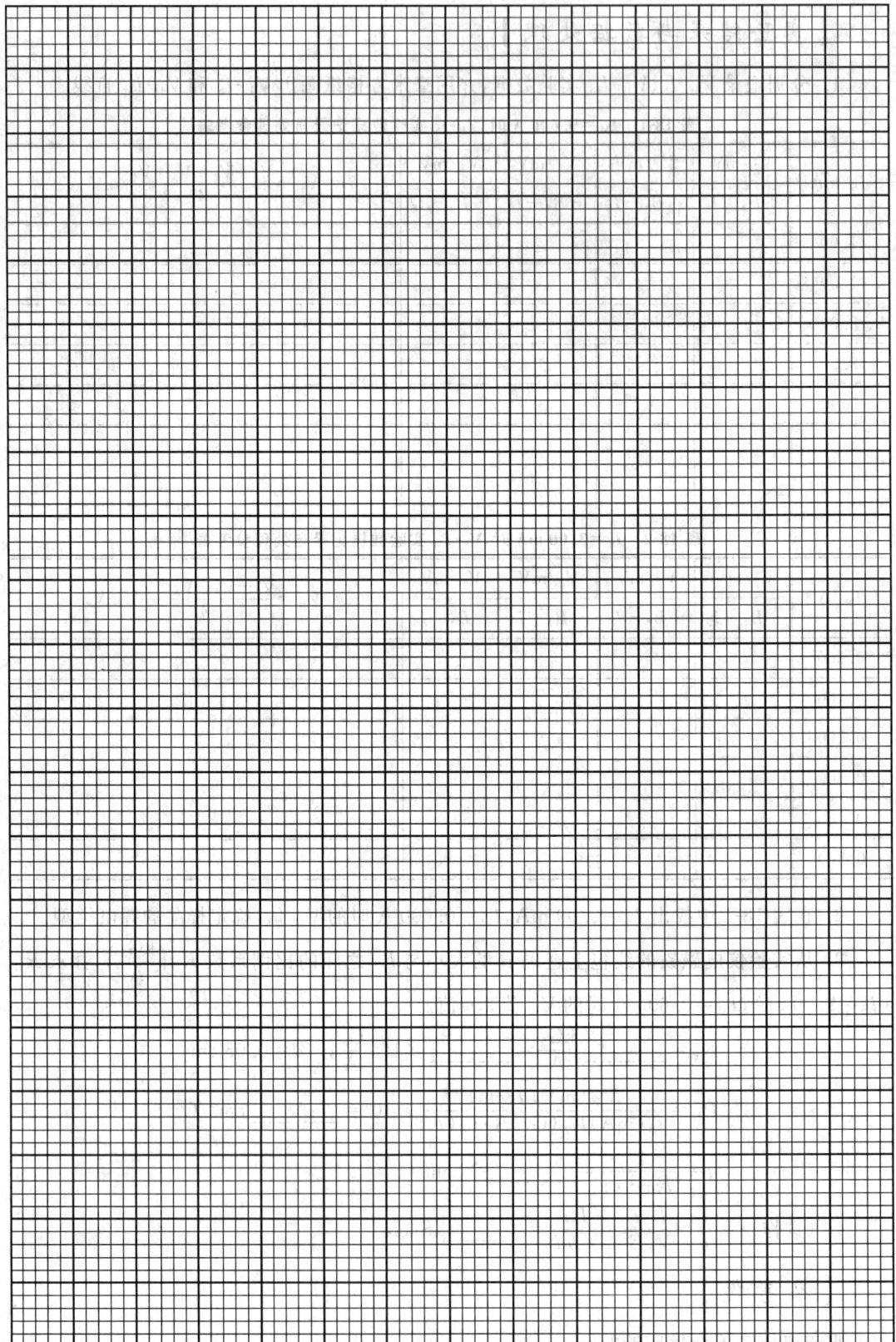

【附录】

1. 霍尔效应的负效应

上述推导是从理想情况出发的,实际情况要复杂得多。在产生霍尔电压 V_H 的同时,还伴生有四种负效应,负效应产生的电压叠加在霍尔电压上,造成系统误差。为便于说明,画一简图,如图 18-4 所示。

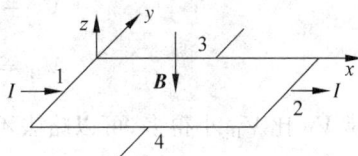

图 18-4 在磁场中的霍尔元件

(1) 厄廷豪森(Eting hausen)效应引起的电势差 V_E。由于电子实际上并非以同一速度 v 沿 x 轴负向运动,速度大的电子回转半径大,能较快地到达接点 3 的侧面,从而导致 3 侧面较 4 侧面集中较多能量高的电子,结果 3、4 侧面出现温差,产生温差电动势 V_E。可以证明 $V_E \propto IB$。容易理解 V_E 的正负与 I 和 $\boldsymbol{B}$ 的方向有关。

(2) 能斯特(Nernst)效应引起的电势差 V_N。焊点 1、2 间接触电阻可能不同,通电发热程度不同,故 1、2 两点间温度可能不同,于是引起热扩散电流。与霍尔效应类似,该热流也会在 3、4 点间形成电势差 V_N。若只考虑接触电阻的差异,则 V_N 的方向仅与 $\boldsymbol{B}$ 的方向有关。

(3) 里纪-勒杜克(Righi-Leduc)效应产生的电势差 V_R。在能斯特效应的热扩散电流的载流子由于速度不同,一样具有厄廷豪森效应,又会在 3、4 点间形成温差电动势 V_R。V_R 的正负仅与 $\boldsymbol{B}$ 的方向有关,而与 I 的方向无关。

(4) 不等电势效应引起的电势差 V_O。由于制造上困难及材料的不均匀性,3、4 两点实际上不可能在同一条等势线上。因此,即使未加磁场,当 I 流过时,3、4 两点也会出现电势差 V_O。V_O 的正负只与电流方向 I 有关,而与 $\boldsymbol{B}$ 的方向无关。

2. 负效应引起的系统误差的消除

综上所述,在确定的磁场 $\boldsymbol{B}$ 和电流 I 的情况下,实际测出的电压是 V_H, V_E, V_N, V_R 和 V_O 这 5 种电压的代数和。应根据负效应的性质,改变实验条件,尽量消减它们的影响。上述 5 种电势差与 $\boldsymbol{B}$ 和 I 方向的关系列表 18-3 如下。

表 18-3 电势差与 $\boldsymbol{B}$ 和 I 方向的关系

V_H		V_E		V_N		V_R		V_O	
I	$\boldsymbol{B}$	I	$\boldsymbol{B}$	I	$\boldsymbol{B}$	I	$\boldsymbol{B}$	I	$\boldsymbol{B}$
有关	有关	有关	有关	无关	有关	无关	有关	有关	无关

根据以上分析,这些负效应引起的附加电压的正负与电流或磁场的方向有关,我们可以通过改变电流和磁场的方向,来消除 V_N, V_R, V_O,具体做法如下:

(1) 给样品加 $(+\boldsymbol{B}, +I_S)$ 时,测得 3、4 两端横向电压为
$$V_1 = V_H + V_E + V_N + V_R + V_O$$

(2) 给样品加 $(+\boldsymbol{B}, +I_S)$ 时,测得 3、4 两端横向电压为
$$V_2 = -V_H - V_E + V_N + V_R - V_O$$

(3) 给样品加 $(-\boldsymbol{B}, +I_S)$ 时,测得 3、4 两端横向电压为

$$V_3 = -V_H - V_E - V_N - V_R + V_O$$

（4）给样品加$(-\boldsymbol{B}, -I_S)$时，测得 3、4 两端横向电压为

$$V_4 = V_H + V_E - V_N - V_R - V_O$$

由以上四式可得

$$V_1 - V_2 + V_3 - V_4 = 4V_H + 4V_E$$

$$V_H = \frac{V_1 - V_2 + V_3 - V_4}{4} - V_E$$

通常 V_E 比 V_H 小得多，可以略去不计，因此霍尔电压为

$$V_H = \frac{V_1 - V_2 + V_3 - V_4}{4}$$

　　若要消除 V_E 的影响，可将霍尔片置于恒温槽中，也可将工作电流改为交流电。因为 V_E 的建立需要一定的时间，而交变电流来回换向，使 V_E 始终来不及建立。

参 考 文 献

[1] 陆佩. 大学物理实验[M].2 版. 北京:中国水利水电出版社,2010.

[2] 丁慎训. 物理实验教程[M]. 北京:清华大学出版社,2002.

[3] 李平. 大学物理实验教程[M]. 北京:机械工业出版社,2006.